Crashkurs Selbstorganisation in agilen Teams

Andreas Eilers

Crashkurs Selbstorganisation in agilen Teams

Lösungen für eine wertschätzende Zusammenarbeit

1. Auflage

Haufe Group
Freiburg · München · Stuttgart

Bibliografische Information der Deutschen Nationalbibliothek

Die Deutsche Nationalbibliothek verzeichnet diese Publikation in der Deutschen Nationalbibliografie; detaillierte bibliografische Daten sind im Internet über http://dnb.dnb.de/ abrufbar.

Print:	ISBN 978-3-648-15150-1	Bestell-Nr. 10665-0001
ePub:	ISBN 978-3-648-15153-2	Bestell-Nr. 10665-0100
ePDF:	ISBN 978-3-648-15155-6	Bestell-Nr. 10665-0150

Andreas Eilers
Crashkurs Selbstorganisation in agilen Teams
1. Auflage, September 2021

www.haufe.de
info@haufe.de

Bildnachweis (Cover): © Bloomicon, shutterstock

Produktmanagement: Jutta Thyssen
Lektorat: Maria Ronniger, Text+Design Jutta Cram

Inhaltsverzeichnis

1 Aufbruch in ein Zeitalter evolutionärer Zusammenarbeit

Menschen wollen nicht nur körperlich, sondern auch geistig fit und agil bleiben. Dafür machen sie Sport und bilden sich kontinuierlich weiter. Es ist der natürliche innerliche Drang, die Welt nach und nach zu entdecken und sich stetig weiterzuentwickeln. Dieser Wille macht es Menschen möglich, sich immer wieder an ihre Umgebung anzupassen – sei es bereits im Kindergarten, in der Schule, im neuen Beruf oder nach einschneidenden Schicksalsschlägen.

Was bei Menschen in der DNA festgeschrieben ist, müssen sich Organisationen mühsam aneignen. Es sind die selbstgegebenen Strukturen, die ein Unternehmen entweder gemeinsam lernen oder dahinvegetieren lassen. Dabei ist es von entscheidender Bedeutung, ob eine Organisation individuelle und kollektive Veränderungen willkommen heißt und als Chance sieht oder versucht, diese im Keim zu ersticken, weil Veränderungen als Bedrohung wahrgenommen werden. Veränderungen willkommen zu heißen bedeutet immer ein Stück weit die Angst vor Neuem in Neugierde zu transformieren. Welche Möglichkeiten können sich ergeben, was können wir als Organisation, was kann ich als Individuum daraus lernen? Neues auszuprobieren kann oft auch bedeuten, etwas zu riskieren, mutig zu sein und einfach mal etwas zu wagen.

»Nicht weil es schwer ist, wagen wir es nicht,
sondern weil wir es nicht wagen, ist es schwer.«
Lucius Annaeus Seneca

Leider können es viele Beschäftigte in Organisationen oftmals eben nicht wagen, etwas einmal anders zu machen. Denn: »Das haben wir schon immer so gemacht!« Wenn in Unternehmen eine »Es bleibt so, wie es ist«-Mentalität vorherrscht, stecken Mitarbeitende ihr Gehirn morgens schon von selbst in eine imaginäre Zwangsjacke, da selbst denken offensichtlich nicht mehr gewünscht ist. Auf der einen Seite sollen Mitarbeitende kreativ und innovativ sein und auf der anderen Seite werden Prozesse und Strukturen bis auf das kleinste Detail ausformuliert, standardisiert und für die Nachwelt sinnbildlich in Stein gemeißelt und wie die zehn Gebote unwiderruflich einbetoniert. Je älter und traditioneller Organisationen sind, desto mehr geschriebene und ungeschriebene Gesetze gibt es, die heute oftmals nicht mehr hinterfragt und reflektiert werden.

Es sind genau diese festen Bestimmungen und starren Strukturen, die auf der einen Seite Mitarbeitende frustrieren und resignieren lassen und die es auf der anderen Seite innovativen Start-ups ermöglichen, rechts zu überholen und irgendwann am Horizont zu verschwinden. Traditionelle Unternehmen sind in vielen Fällen deshalb traditionell, weil irgendetwas vor langer Zeit einmal gut funktioniert hat und sie deshalb aus Angst, vielleicht etwas falsch zu machen, nur noch wenig verändern wollen. Das gilt insbesondere für eingefahrene Strukturen, Prozesse, Führungsstile, Zielvereinbarungen und »antike« Modelle für die Zusammenarbeit. »Never change a running system«? Wenn sich in der Natur etwas Lebendiges nicht mehr verändert, würde man es für tot erklären. Insbesondere nachhaltig funktionierende Systeme erfinden sich immer wieder neu und schauen neugierig, welches Potenzial sonst noch in ihnen steckt.

Ist abhängig Beschäftigten einmal bewusst geworden, dass sie erstens in einem toten Unternehmen arbeiten und zweitens vom selbigen abhängig sind, sind Frust und Unmut vorprogrammiert. Jetzt heißt es »funktionieren«. Das Motto lautet dann »Dienst nach Vorschrift« oder »Augen zu und durch«. Und nicht nur in der Freizeit wird dann dieser Frust mit den unterschiedlichsten Mitteln kompensiert.

Das Allerschlimmste, was Organisationen dann noch passieren kann, ist, dass sich Mitarbeitende irgendwann mit der Situation abfinden und selbst nichts mehr verändern wollen. Jeder Change-Prozess muss dann mit teurer Hilfe top-down durchgesetzt, die Durchführung von Lernprogrammen muss immer wieder nachgehalten werden und selbst kleinste Veränderungen erzeugen einen Sturm der Entrüstung, wann denn endlich mal wieder Ruhe ist. Traditionelle Unternehmen versuchen dann, mit der Ursache von althergebrachten Problemen eine Lösung herbeizuführen. Ein klassisches Paradoxon. Die Rede ist von »Hierarchie«: Hierarchie lässt nicht nur Strukturen, sondern auch Mitarbeitende erstarren, die oft wie hypnotisiert darauf warten, endlich einen Handlungsimpuls zu bekommen. Hierarchie ist dann im übertragenen Sinne der Joystick aller Unternehmenslenkenden. So arbeiten manche Mitarbeitende in hierarchischen Unternehmen irgendwann nur noch dann, wenn sie »angesteuert« werden. Vollzeitkräfte arbeiten dann nur noch in Teilzeit, obwohl sie voll bezahlt werden.

Doch was passiert, wenn wir die Metapher komplett übertragen und das Computersystem irgendwann so veraltet ist, dass sich keine neue Software mehr installieren lässt? Was passiert, wenn sich die einzelnen Spielfiguren nicht mehr in der Art und Weise lenken lassen, wie es in der Vergangenheit prima funktioniert hat? Wenn Mitarbeitende nicht mehr auf den nächsten Impuls warten, sondern endlich ihr ganzes Potenzial ausschöpfen wollen – was in der Natur des Menschen liegt? Welche Lösungen können Arbeitgeber ihren Beschäftigten dann präsentieren? Nicht nur auf diese Fragen kann der »Crashkurs Selbstorganisation in agilen Teams« Antworten anbieten.

Traditionelle, hierarchische Unternehmen haben neben ihren lediglich auf Abruf bereitstehenden menschlichen Ressourcen eine weitere Herausforderung zu meistern: Aufgrund ihrer starren Strukturen sind sie zu langsam, um langfristig auf dem Markt bestehen zu können: weil Chefin Müller mal wieder eine innovative Idee von Mitarbeiter Meyer abgeschmettert hat, weil Silodenken und Innovationsstau vorherrschen, da die eine Abteilung mit der anderen Abteilung in Konkurrenz steht, weil zig arbeitsregelnde Unterlagen von »anno dazumal« den Betrieb lahmlegen und Prozesse zu lange dauern, weil Produkte und Dienstleistungen veraltet sind und selbst neue Angebote nach zu langen Produktentwicklungszeiten nicht mehr gebraucht werden. Das alles sind Gründe, warum sich Kunden irgendwann alternative Unternehmen suchen, die sie endlich in den Mittelpunkt des Geschehens stellen. Die Kundin Schulz, die sich zu Recht gar nicht mehr beachtet fühlt, wählt das nächste Mal ganz einfach einen anderen Anbieter. Welchen konkreten Nutzen hat ein Kunde davon, dass sich ein Unternehmen immer wieder mit seinen alten Problemen beschäftigt und immer wieder die alten Lösungen für sich entdeckt?

Kunden wünschen eine Lösung für *ihr* Problem.

Daher sollten sich Organisationen, Teams und Mitarbeitende immer wieder selbst hinterfragen: Wessen Bedürfnisse werden mit der nächsten Entscheidung gestillt: Meine eigenen oder die des Kunden?

Was viele traditionelle Unternehmen außerdem nicht zu 100 Prozent auf dem Schirm haben, ist, dass sich Kundenwünsche ändern können und somit althergebrachte Lösungen nicht mehr zu den neuen Bedürfnissen und Wünschen passen. Spätestens jetzt sollten Verantwortliche hellhörig werden und sich fragen, was das Wort »Disruption« ganz speziell für sie bereithält.

! **Disruption**

Disruption bedeutet, dass Kunden sich zu »lebenden« Unternehmen hingezogen fühlen, die ihre Wünsche und Bedürfnisse verstehen und ernst nehmen und die eine Zusammenarbeit pflegen, in der sich die gesamte Belegschaft gleichermaßen um den Sinn und Zweck der Unternehmung kümmert.

Eine Belegschaft, die sich gleichermaßen aktiv und motiviert für den Sinn und Zweck der Organisation engagiert, kann es nur geben, wenn alle respektvoll sowie auf Augenhöhe zusammenarbeiten und gemeinsam an einem Strang ziehen.

Was in diesem Kontext immer wieder diskutiert wird, ist die Anrede per »Du« oder »Sie«. Im traditionellen Berufsleben können Vorgesetzte ihren unterstellten Mitarbeitenden das Du anbieten, wenn sie es für angebracht halten. Umgekehrt ist dieser Vorgang untersagt, denn es ist laut Knigge Ranghöheren vorbehalten, das Du anzubieten.[1] Es kommt also auf die hierarchische Stellung an, ob sich zwei Menschen näher begegnen können. Siezen bedeutet Distanz und Hierarchie, während Duzen im Umkehrschluss gegenseitige Zuneigung und Freundschaft bedeuten kann. Für den »Crashkurs Selbstorganisation in agilen Teams« wähle ich deshalb die Ansprache per Du, die vielleicht mehr als das Sie auf Freundschaft, tiefem Respekt und Wertschätzung auf Augenhöhe basiert.

Auf dem Weg zu einer stimmigeren Zusammenarbeit, in der Menschen sich nicht nur privat, sondern auch in Organisationen auf Augenhöhe begegnen, können viele gar nicht schnell genug laufen. Und zwar nicht, weil wir uns bald alle duzen und gemeinsam durchs Bälleparadies schwimmen, sondern weil wir unser gemeinsames Bewusstsein im Hinblick auf die Arbeitswelt von morgen auf Sinnhaftigkeit überprüfen und die Essenz daraus disruptive Modelle der Zusammenarbeit hervorbringt. »Disruptiv« meint in diesem Kontext den wertschätzenden, aber dennoch ablösenden Wandel bestehender Organisationsformen aufgrund attraktiverer Lösungen der Zusammenarbeit für alle Beteiligten. Arbeiten die meisten abhängig Beschäftigten aufgrund von allgegenwärtigen Geldsorgen – oder weil sie in ihrer Arbeit einen tieferen Sinn entdecken können?

1 www.freiherr-knigge.de/knigge-a-z/knigge-ueber-duzen-und-siezen (abgerufen am 23.12.2020).

Immer mehr Menschen, Teams und Organisationen möchten ihre gemeinsame Zusammenarbeit sinnvoller und stimmiger gestalten. Zudem treibt sie der vielleicht etwas naive Glaube an eine Utopie an, in der unsere Kinder in einer entwickelten Welt aufwachsen, die ohne pyramidenartige Strukturen und die dazugehörige Ellenbogengesellschaft auskommt. Einer Welt, in der wir in einer Gemeinschaft direkt mit einer würdevollen Selbstverwirklichung anfangen können, ohne vorher unendlich viele Bedingungen erfüllen zu müssen. Die wenigsten Menschen möchten sich freiwillig einer »heiligen Herrschaft«[2] unterwerfen. Ganz im Gegenteil: Mitarbeitende möchten sich selbstbestimmt organisieren und Beziehungen auf einer horizontalen Ebene[3] führen. Beschäftigte wünschen sich zum größten Teil einen Umgang miteinander, der auf einer gewaltfreien Kommunikation basiert. Das gilt auch im Hinblick auf viele gewinnorientierte Wirtschaftsunternehmen, in denen die Sinnhaftigkeit von Führung und der vertikalen Machtausübung gegenüber anderen Menschen so gut wie nie hinterfragt wurde.

Innerhalb unseres über Jahrhunderte aufgebauten Systems leben wir nach einem Dogma, in dem die meisten Unternehmen das Wachstum um des Wachstums willen anstreben. Doch wenn jede Organisation ihren Gewinn maximieren will, ist Ellenbogenmentalität und Konkurrenzdenken dem System inhärent. Gebetsmühlenartig sagen manche Politiker und Wirtschaftswissenschaftler, dass wir Wirtschaftswachstum brauchen, damit es unseren Kindern in Zukunft besser geht. Hat irgendjemand unsere Kinder einmal gefragt, wie es ihnen geht und was sie *wirklich* brauchen?

Wirtschaftswachstum !

Frédéric Laloux hat das Phänomen »Wirtschaftswachstum« in seinem Leitfaden zur Gestaltung sinnstiftender Formen der Zusammenarbeit als Zustand beschrieben, den man im medizinischen Kontext als »Krebs« bezeichnen würde.[4]

Wirtschaftswachstum ist also ein von Menschen geschaffenes System, das zwangsweise auf Konkurrenz anstatt Kooperation setzen muss, solange wir alle nicht nur ausreichende, sondern darüber hinaus auch noch immer höhere Gewinne erwirtschaften wollen.

2 »Hierarchie« (hierarchia) stammt aus dem Altgriechischen und bedeutet so viel wie »heilige Herrschaft« (*hieros* = heilig und *archē* = Herrschaft).

3 Siehe Kapitel 4.1 »Hierarchie fördert destruktive Verhaltensweisen«.

Wenn Menschen den Sinn in ihrer Tätigkeit – immer höhere Gewinne zu erzielen – einfach nicht mehr erkennen können, dann brauchen wir neue Anliegen, die unserem Handeln einen Sinn verleihen. Wer den Unternehmenserfolg also nicht ausschließlich anhand kurzfristiger, monetärer Kennzahlen definiert, sondern den Mut hat, die Kompassnadel auf eine stimmigere Organisationform zu eichen, ist auf dem Weg, eine nachhaltigere Arbeitswelt zu kreieren. Wie wäre es, wenn wir als Gesellschaft gemeinsam in Kooperation miteinander den Sinn und die Stimmigkeit maximieren?

Agile Organisationskulturen[5] können Sinn stiften. Ein Bekannter hat im Kontext zum Thema Agilität einmal gesagt: »80 % Haltung und 20 % Methode!« Was er damit sagen wollte: Es ist eine Frage der Haltung, ob ich mit meinen Kolleginnen und Kollegen in den gemeinsamen Dialog gehe oder doch immer wieder versuche, meine eigene Meinung durchzusetzen. Es ist eine Frage der Haltung, trotzdem immer wieder Vertrauen aufzubauen, auch wenn Vertrauen einmal missbraucht wurde. Und es ist auch eine Frage der Haltung, Kolleginnen und Kollegen um Feedback zu bitten und nicht immer nur selbst zu bewerten.

Fangen wir also gemäß seiner Aussage mit der Haltung an, die einen starken Bezug zu unserem Wertesystem aufweist. Denn wer sich seiner Werte bewusst ist, besitzt auch die Fähigkeit, eine dazu stimmige und authentische Haltung einzunehmen. Viele Menschen wünschen sich ein Wertesystem, das auf selbstbestimmtes und würdevolles Handeln setzt – und zwar nicht nur in ihrer Freizeit, sondern 24 Stunden am Tag, sieben Tage die Woche. Diese Menschen möchten in Organisationen arbeiten, die in ihren Augen sinnvolle und stimmige Formen der Zusammenarbeit prägen und ihren Fokus auf eine nachhaltige Arbeitsweise legen. Selbstverständlich lässt sich vorzüglich darüber diskutieren, was Sinn und Nachhaltigkeit im Unternehmenskontext bedeutet. Fakt ist jedoch, dass leider viel zu viele Unternehmen ihre Energie immer noch mit einer Strategie der Ressourcenausnutzung vergeuden. Diese Vorgehensweise beruht darauf, Mitarbeitende weniger als Subjekte, sondern mehr als Objekte zu sehen. Während Individuen menschlich und würdevoll behandelt werden, können Objekte wie Dinge oder Ressourcen nicht nur gebraucht, sondern auch verbraucht werden. Nachhaltig ist dieser Ansatz wahrscheinlich nicht. Ob hier ein tieferer Sinn formuliert werden kann, ist ebenfalls fraglich. Eines steht auf jeden Fall

5 Agile Organisationskulturen sind geprägt von Transparenz, Dialog, einer Haltung des Vertrauens sowie von kurzfristigen Feedbackmechanismen.

fest: Diese Strategie lässt sich ohne eine formelle hierarchische Struktur nur schwer umsetzen. Wie könnte also eine Antwort auf destruktive Strukturen aussehen?

Anfangen können Unternehmen mit einer reflektierten Kommunikation, die auf Empathie basiert. Gerne wird von horizontalen Beziehungen auf Augenhöhe gesprochen, die als Dietrich für nahezu jedes Schloss passen und nachhaltig erfolgreiche Organisationen hervorrufen können. Dazu organisieren sich Menschen in selbstorganisierten Teams und richten sich nach ihrem gemeinsamen Anliegen aus, welches morgen nicht mehr Gewinnmaximierung, sondern Sinnmaximierung lautet.

Sinnmaximierung !

Der Gewinn kommt am Ende von allein, wenn Kunden grundsätzlich im Mittelpunkt aller Bemühungen stehen.

Operative Entscheidungen werden dabei selbst getroffen. Konflikte werden direkt durch Reflexion und Feedback gelöst. Die gelingende Zusammenarbeit basiert dabei auf einer gewaltfreien Kommunikation, kooperativem Verhalten und Zwischenmenschlichkeit.

Doch wer seine individuelle Arbeitswelt achtsam betrachtet, merkt vielleicht, in welchem Umfeld wir uns derzeit bewegen. Aus dem Gallup Engagement Index von 2018 können wir entnehmen, dass über den Unternehmenserfolg maßgeblich die Unternehmenskultur entscheidet.[6] Wenn Verantwortliche wissen, dass sich eine Kultur durch gemeinsame Verhaltensweisen und Einstellungen formt, dann werden sie all ihre Energie in die Entwicklung ihrer Mitarbeitenden stecken, um erfolgreich zu sein. Insbesondere in Dienstleistungsunternehmen ist der Hauptkostenfaktor das Personal: Menschen als höchstes Gut der Unternehmung. Die Gallup-Befragung hat außerdem alarmierende Ergebnisse hervorgebracht. Demnach haben über fünf Millionen Arbeitnehmer in Deutschland bereits innerlich gekündigt und besitzen keine Bindung zu ihrem Unternehmen. Die Kosten aufgrund von schlechter Führung beliefen sich 2018 demnach auf 103 Milliarden Euro. Man kann erahnen, dass es ohne manch eine Führungskraft besser laufen würde als mit. Eine flexiblere und dynamischere Arbeitsweise ergibt sich laut der Gallup-Befragung durch mehr Handlungsspielraum

6 Gallup Engagement Index 2018.

für die Mitarbeitenden und eine größere Eigenständigkeit sowie eine bessere Zusammenarbeit und Mut für Neues. Kurz gesagt: durch *Selbstorganisation*.

Viele Menschen suchen sich bei ihrer Veränderung im Hinblick auf eine sinnvollere, flexiblere und dynamischere Arbeitswelt Unterstützung. Für diese Personen habe ich dieses Buch geschrieben. Je nach Bedarf können das Trainierende, Beratende oder Coaches sein, die Individuen, Teams und Organisationen dabei professionell begleiten. Denn in einem Unternehmen kann man nur erfolgreich sein, wenn es jemanden gibt, der sich um einen kümmert, der einen unterstützt und sich den jeweiligen Problemen und Herausforderungen zu 100 Prozent unvoreingenommen annimmt.

Meine persönlichen Erfahrungen auf dem Weg zu einer stimmigeren Arbeitswelt möchte ich dir genauso gerne beschreiben wie die Gründe, die für selbstorganisierte Teams und eine neue evolutionäre Zusammenarbeit von morgen sprechen. Innerhalb der nächsten Kapitel möchte ich dir einerseits eine mögliche Architektur selbstorganisierter Teams beschreiben und andererseits spannende sowie innovative Werkzeuge aufzeigen, die Organisationen, Teams und Individuen helfen, sich selbst hierarchiefrei zu organisieren.

Gemeinsam können wir Organisationen zu einem Ort machen, an dem es verdammt schwer wird, keinen Erfolg zu haben. Was auch immer Erfolg für jede Einzelne und jeden Einzelnen dabei bedeutet.

2 Transformation der Sparkasse Bremen – ein Praxisbeispiel

2.1 Ein Abschied und ein Neubeginn

Als ich mich an meinem letzten Arbeitstag bei der Sparkasse Bremen beim Vorstandsvorsitzenden Dr. Tim Nesemann für die vergangenen Jahre bedankte, wusste ich noch nicht, dass die agile Netzwerkorganisation genau einen Tag nach meinem Weggang aus dem Unternehmen offiziell eingeführt werden würde. Anfang Dezember 2019 wurde der Hebel plötzlich umgelegt. Nach einer intensiven Vorbereitungszeit sollte der Tag nun endlich da sein, auf den viele Mitarbeitende lange gewartet hatten. Der Tag, an dem langjährige Führungskräfte von einem Tag auf den anderen ihre disziplinarische Verantwortung verloren. Der Tag, der für viele ein neues Zeitalter einläutete. Ein Zeitalter von selbstorganisierten Teams ohne formelle Hierarchie. Teams, die neue Rollen definieren müssen, die ihre Entscheidungen selbst treffen, die sich gegenseitig Feedback geben, die selbstständig Konflikte lösen und die alle anfallenden Aufgaben und Tätigkeiten selbst bewältigen. Aus meiner Sicht konnte sich zwei Jahren zuvor noch niemand ausmalen, dass ein eher konservativ geprägtes Finanzdienstleistungsunternehmen so einen radikalen und mutigen Schritt gehen und seine hierarchische Unternehmensstruktur unter der Vorstandsebene komplett abschaffen würde.

Ganz natürlich hat die Sparkasse Bremen – 1825 als Bürgerinitiative gegründet – in ihrer fast zweihundertjährigen Geschichte bereits viele Organisationsmodelle durchlaufen. Alle Modelle hatten allerdings eine Gemeinsamkeit: Sie waren hierarchisch geprägt. Die Digitalisierung sowie die damit einhergehende disruptive Veränderung des Geschäftsmodells Bank ließen jedoch eine kontinuierliche Weiterentwicklung der bis dato erfolgreichen hierarchischen Organisationsform nicht länger zu. Folglich war mit dem Anspruch, auch in Zukunft der führende Finanzdienstleister für Bremerinnen und Bremer zu sein, die Transformation zur agilen Netzwerkorganisation für die Sparkasse Bremen im Hinblick auf Struktur und Zusammenarbeit tatsächlich notwendig.[7]

7 Verfassung über die Zusammenarbeit in der *Die Sparkasse Bremen AG*, Seite 1: https://www.sparkasse-bremen.de/content/dam/myif/sk-bremen/work/dokumente/pdf/Ihre-Sparkasse/Nachhaltigkeit/Verfassung%20Auszug%20Internet.pdf?stref=iconbox (abgerufen am 11.01.2021).

Die Antwort Nesemanns auf meine Frage, was die Sparkasse Bremen initial dazu bewogen hat, die Transformation – von einer klassisch-hierarchisch geprägten Linienorganisation hin zur selbstorganisierten Netzwerkorganisation – einzuleiten, überraschte daher nicht wirklich:

> »Im Laufe der Zeit ist mir immer deutlicher geworden, dass unsere traditionelle, hierarchische Organisationsform mit den immer schnelleren, dynamischen und unerwarteten Veränderungen von Kundenbedürfnissen, Wettbewerbsangeboten und anderen Rahmenbedingungen zunehmend überfordert ist. Während wir noch darüber diskutierten, wo wir neue Aufgabenbereiche aufbauorganisatorisch ansiedeln sollten, und in klassischen Projektstrukturen noch an der Optimierung unserer Standardprozesse arbeiteten, hatten neue, junge Wettbewerber bereits weitere innovative Produkte auf den Markt gebracht und neue Kundenbedürfnisse kreativ befriedigt. Wir mussten also als Unternehmen eine Organisationsform entwickeln, die uns in die existenzsichernde Lage versetzt, flexibel, agil und kundenfokussiert mit Überraschungen des Marktes umzugehen.«

Einzelne Projekte waren demnach vielschichtig und komplex, was eine abteilungsübergreifende, interdisziplinäre Zusammenarbeit erforderte.

Neben den wesentlichen Gründen für die unausweichliche Veränderung tauschten Nesemann und ich uns unter anderem darüber aus, wer welche Bücher über Agilität und die digitale Transformation empfehlen kann und welcher beruflichen Tätigkeit ich in Zukunft nachgehen würde. Ich freute mich über den offenen Dialog, da er mir noch ein paar letzte größere Erkenntnisse ermöglichte, nachdem ich den spannenden Transformationsprozess zum agilen Unternehmen die letzten eineinhalb Jahre als Mitarbeiter der Sparkasse Bremen begleiten durfte. Nach 14 Jahren Betriebszugehörigkeit hatte ich nun aber den letzten Tag bei meinem Arbeitgeber – einer traditionsreichen Bank, die seit fast 200 Jahren ununterbrochen Finanzdienstleistungen anbietet und sich plötzlich in einem der größten Umbrüche der gesamten Unternehmensgeschichte befand.

Warum die Sparkasse Bremen diesen steinigen Weg gegangen ist und wie sie den individuellen Weg zur agilen Organisation gefunden hat, möchte ich beispielhaft aus meiner Perspektive heraus berichten. Nicht nur, weil die Sparkasse Bremen eine der ersten deutschen Banken neben der ING DiBa ist, die diesen radikalen Schritt gewagt hat, sondern auch, weil die Bank als einzigartiges Unicorn in der Dienstleistungsbranche wiederzufinden ist und der Gedanke rund um das Agile Manifest ursprünglich innerhalb der Softwareentwicklung geboren wurde. Um all dem auf den Grund zu gehen, müssen wir allerdings vom 01.12.2019 ganz genau 571 Tage zurückblicken, auf den 09.05.2018.

2.2 Der Transformationsprozess beginnt

Für einen Transformationsprozess gibt es keine einheitliche Vorgehensweise. Erst recht nicht, wenn es sich um eine noch nie dagewesene und beispiellose Veränderung handelt, die in der langen Geschichte der Sparkasse Bremen ihresgleichen sucht.

Eigentlich wäre der 09.05.2018 ein ganz normaler Mittwochmorgen gewesen, hätte der hauseigene Unternehmensblog nicht eine Überraschung bereitgehalten: Im Rahmen einer Videobotschaft kündigte der Vorstandsvorsitzende Dr. Tim Nesemann den plötzlichen Beginn des Change-Prozesses von der traditionell-hierarchischen Organisationsform hin zur agilen, selbstorganisierten Netzwerkorganisation an. Für viele Mitarbeitende kam die Nachricht aus heiterem Himmel und bedeutete eine deutliche Veränderung in vielen Bereichen. Nesemann beschrieb das weitere Vorgehen und machte unter anderem klar, dass es innerhalb einer Netzwerkorganisation keine formelle Hierarchie mehr geben würde. Der Leitsatz sollte von nun an lauten: »Niemand von uns ist anderen gegenüber weisungsberechtigt.« Insbesondere Führungskräfte, die in ihrer Stellenbeschreibung weitestgehend Führung als Aufgabe innehatten, wussten genau, welche Bedeutung diese Aussage für sie hatte.

Innerhalb der nächsten Monate sollte die neue Netzwerkorganisation in hierarchie- und abteilungsübergreifenden Workshops erarbeitet werden. In sogenannten Zukunftswerkstätten wurden viele Ideen generiert, diskutiert, weiterbearbeitet und schließlich als Entscheidungsvorlage finalisiert. Die Themen waren sehr vielschichtig, schließlich ging es um nichts Geringeres als die komplette Umstrukturierung eines großen Finanzdienstleisters. Bereiche wie Führung und Werte, Planung und Kontrolle, Organisation und Umsetzung sowie Kommunikation und Change waren die wesentlichen Handlungsebenen, die als Erstes angegangen werden sollten.

Die Idee einer gemeinsamen Zukunftswerkstatt ist allerdings nicht neu. Auch die GLS-Bank hat ihre ersten Innovationsprojekte in Bezug auf ihre Vision von einer eng vernetzten Banken-Community, die sinnstiftende und nachhaltige Finanzprodukte anbieten möchte, innerhalb einer Zukunftswerkstatt entwickelt – genauso wie die Sparkasse Bremen mit ausgewählten Mitarbeitenden aus allen Funktionen, Altersgruppen und Hierarchieebenen. Auch hier hat der Spirit, gemeinsam, agil und auf Augenhöhe an sinnstiftenden Innovationen zu arbeiten, einen großen Teil der Belegschaft angesteckt.[8]

Neben den Zukunftswerkstätten wurden zudem Freiwillige gesucht, die bei dem Veränderungsprozess auf operativer Ebene helfen sollten. Der Auftrag lautete: Es sollen Ideen entwickelt werden, wie alle Mitarbeitenden der Sparkasse Bremen auf dem Weg zur agilen und selbstorganisierten Netzwerkorganisation mitgenommen werden können. Dieser Aufruf war schließlich auch für mich der Anlass, mich für das Freiwilligenteam zu melden.

Im Mai 2018 lautete meine Stellenbezeichnung noch »Senior Relationshipmanager«. Das Aufgabengebiet lag in der Betreuung vermögender Kunden im Private Banking, insbesondere in der Vermögensberatung. Doch richtig erfüllen konnte mich diese Aufgabe nicht mehr. Seit circa 14 Jahren war ich damals schon in der Kundenberatung unterwegs und konnte nach zahlreichen Aus- und Weiterbildungen nichts – zumindest für mich Bedeutsames – mehr dazulernen. Studiert hatte ich Betriebswirtschaft und Management mit dem Studienschwerpunkt Personalmanagement, letztlich hatte ich mich jedoch für die Kundenbetreuung in der Bank entschieden, da ich hier meine Stärken wähnte. Mein Herz hat jedoch immer auch für die Organisations- und Personalentwicklung geschlagen, sodass ich nun die Chance für *meinen* persönlichen Wandel sah.

In einem initialen Workshop, moderiert durch die externe Unternehmensberatung *zeb*, wurden die Freiwilligen schließlich auf die neue agile Welt eingeschworen. In dem Workshop lernten wir viel über die uns bevorstehende Zeitenwende innerhalb der Bankenlandschaft. Unter anderem wurde uns aufgezeigt, dass unsere Mitbewerber in Zukunft nicht mehr die wenigen noch bestehenden regionalen Großbanken wären, sondern internationale Technologieunternehmen aus dem Silicon Valley wie *PayPal* sowie *Google*, *Amazon* und *Apple*, die in weiterer Zukunft in die Finanzdienst-

8 Christiane Brandes-Visbeck und Ines Gensinger: Netzwerk schlägt Hierarchie. Neue Führung mit Digital Leadership. Redline Verlag, 2017, S. 19.

leistungsbranche eintreten würden. Wir hatten erste Berührungspunkte mit Kanban-Boards und Timeboxing sowie mit Scrum und Design Thinking, gängigen agilen Prozessmethoden, die in weiteren Kapiteln noch näher beschrieben werden. Doch über allem schwebte ein Begriff, der für viele das Schlagwort für ein neues Zeitalter bedeutete. Die Rede ist von **»Agilität«**.

Agilität !

Agilität ist die Fähigkeit einer Organisation, in Zeiten des Wandels und der Unsicherheit flexibel, aktiv, anpassungsfähig und mit Initiative und klarem Fokus auf die Kundenbedürfnisse zu agieren.

Auch die Sparkasse Bremen will als agile Netzwerkorganisation die Fähigkeit besitzen, auf schwer vorhersehbare und sehr schnelle Veränderungen ihres Umfelds flexibel zu reagieren. Dazu sollen alle Mitarbeitenden und Teams in einem verbindlichen und klar kommunizierten Rahmen selbst entscheiden, was sie erledigen können und wie sie dies am besten tun.[9]

Mit dieser Direktive kristallisierte sich nach dem initialen Workshop mit der Unternehmensberatung *zeb* ein Team heraus, das autonom, interdisziplinär und hierarchieübergreifend den operativen Teil der Handlungsebene »Kommunikation und Change« erarbeiten sollte. Kein Wunder, dass genau diese Unternehmensberatung gewählt wurde, denn ein Leitsatz des Beratungshauses lautet vielleicht noch heute: **»Argument schlägt Hierarchie.«**[10]

Die Aufgabenstellung war grundsätzlich allen klar, nur die Umsetzung gestaltete sich am Anfang schwierig. Die Fragestellung lautete: Wie können wir den Sinn einer selbstorganisierten Netzwerkorganisation vermitteln und dabei alle Mitarbeitenden, inklusive aller Führungskräfte, ins persönliche Erleben bringen?

---

9 Verfassung über die Zusammenarbeit in der *Die Sparkasse Bremen AG*, Seite 2: https://www.sparkasse-bremen.de/content/dam/myif/sk-bremen/work/dokumente/pdf/Ihre-Sparkasse/Nachhaltigkeit/Verfassung%20Auszug%20Internet.pdf?stref=iconbox (abgerufen am 11.01.2021).

10 https://karriere.zeb.de/fuer-bewerber/darum-zeb (abgerufen am 16.05.2020).

2.3 Warum machen wir das?

»Frag immer erst: Warum?« So lautet der Titel des Bestsellers von Simon Sinek. Die Antwort auf das *Warum* ist das Wichtigste, wenn es um den Veränderungsprozess geht. Warum müssen wir uns als Finanzdienstleistungsunternehmen verändern? Warum soll ich mich dabei persönlich verändern? Das Warum beschäftigt mich bis heute und nach etlichen Büchern, Vorträgen, Seminaren, Workshops und langjährigen persönlichen Erfahrungen innerhalb von Organisationen bin ich heute mehr denn je von seiner Wichtigkeit überzeugt.

! **Innovationsmotor selbstorganisierte Teams**

Organisationen, die einem hohen disruptiven[11] Wettbewerb ausgesetzt und deswegen auf Innovationen angewiesen sind, arbeiten zukünftig in netzwerkartigen Strukturen zusammen, in denen sich Menschen selbstständig um die Projekte organisieren.

Für viele ist dieses Szenario unvorstellbar und ich habe Verständnis dafür, wenn sich Menschen nach vielen Jahren Hierarchie nicht vorstellen können, wie eine Organisation mit selbstorganisierten Teams funktionieren soll. Ich werde oft gefragt: »Wer stellt dann die Leute ein?«, »Wer bestimmt dann das Gehalt?«, »Wer gibt dann die Richtung vor, wenn es Konflikte gibt?«

Für die Sparkasse Bremen ist die Netzwerkorganisation kein Selbstzweck. Starre hierarchische Strukturen haben den Apparat so schwerfällig gemacht, dass neue innovative Ideen, kundenzentrische Produkte sowie schlanke interne Prozesse nur langsam ihren Weg finden konnten. Sätze wie »Das haben wir immer schon so gemacht« waren eher die Regel als die Ausnahme und haben insbesondere talentierte und kreative Mitarbeitende frustriert. Aufstrebende Unternehmen wie Start-ups und kleine agile Fintechs nutzen diese Schwerfälligkeit, um schnell neue innovative Finanzprodukte auf den Markt zu bringen, die alte Produkte teilweise komplett ersetzen. Der disruptive Wandel ist in vielen Branchen unterwegs und macht auch um die Finanzdienstleistungsbranche keinen Bogen. Brandes-Visbeck und Gensinger definieren den Begriff Disruption wie folgt:

Disruption

!

»In der Technologie steht der Begriff ›Disruption‹ für neue Entwicklungen oder Produkte, die unerwartet auf den Markt gebracht werden, auch wenn sie noch nicht ausgereift sind.«[12]

Heutzutage gehen innovative Unternehmen nicht mehr mit der 100-Prozent-Lösung auf den Markt. 80 Prozent reichen aus und bieten Spielraum für frühes Kundenfeedback und schnelle Anpassungen. Ganz nach dem Pareto-Effekt, nach dem 80 Prozent des Ergebnisses mit bereits 20 Prozent des Aufwands erreicht werden.[13] Brandes-Visbeck und Gensinger sagen darüber hinaus:

> »... im Moment ist derjenige erfolgreich, der ein Kundenerlebnis bietet, also Kundenwünsche am besten versteht und diese möglichst schnell, individuell und effektiv erfüllen kann. Wenn Sie disruptiv agieren, haben Sie einen guten Rahmen für Innovationen geschaffen.«[14]

Agil zu sein heißt nicht nur schnell und flexibel auf veränderte Kundenwünsche reagieren zu können. Die agile Arbeitsweise stellt den **Kunden in den Mittelpunkt** ihrer gesamten strategischen und operativen Handlungen.

Nur so kann ein Unternehmen einen maximalen Wert generieren, indem es Produkte und Prozesse kontinuierlich an die Kundenanforderungen anpasst. Kundenzentrik ist das Stichwort. Jahrelang haben nicht nur Banken, sondern Unternehmen aller Couleur hauptsächlich daran gearbeitet, wie sie ihre Produkte und Dienstleistungen mit ausgeklügelten Marketingmaßnahmen an den Mann bringen können. In Zeiten von kostenlosen Girokonten, digitalen Vermögensverwaltungen und Robo-Advisorn wird es klassischen Banken allerdings immer schwerer gemacht, sich mit Girokontoerträgen über Wasser zu halten. Zusätzlich treten Multibanking-Anbieter auf den Markt. Durch die EU-Zahlungsdienstrichtlinie PSD2 wird das Monopol der Banken um Nutzerdaten verringert und für weitere Unternehmen, wie zum Beispiel die Multibanking-App *Finanzguru*, geöffnet, die daraufhin kundenorientierte Produkte be-

12 Christiane Brandes-Visbeck und Ines Gensinger: Netzwerk schlägt Hierarchie. Neue Führung mit Digital Leadership, Redline Verlag, 2017, S. 47.

13 https://de.wikipedia.org/wiki/Paretoprinzip (abgerufen am 26.01.2021).

14 Christiane Brandes-Visbeck und Ines Gensinger: Netzwerk schlägt Hierarchie. Neue Führung mit Digital Leadership, Redline Verlag, 2017, S. 49.

reitstellen können. Mit Zustimmung der Kunden können andere Finanzdienstleister zum Beispiel auf deren Kontoumsätze zugreifen und daraus für Kunden interessante Finanztipps ableiten.

Tatsächlich haben Kunden das Bedürfnis nach einfachen und unkomplizierten Finanzdienstleistungen wie Geld transferieren, aufnehmen oder anlegen. Kunden brauchen dafür allerdings schon längst keine Bankfiliale mehr. Unter anderem sind *Check24* und *PayPal* Anlaufpunkte, um einen Großteil der alltäglichen Bankgeschäfte zu tätigen. Bei der Onlinebank *N26* kann ein Kunde innerhalb von ein paar Minuten ein Girokonto eröffnen und via *Auxmoney* kinderleicht Geld anlegen oder aufnehmen.

Eine ähnliche Argumentationskette kann jedes Unternehmen für sich finden, wenn es sich ein paar Minuten Zeit dafür nimmt. Organisationen, die es weiterhin unterlassen, ihre individuellen Herausforderungen hierarchieübergreifend und interdisziplinär anzugehen, werden zukünftig scheitern, da es schon etliche agile Unternehmen gibt, die das gesamte kreative Potenzial aller Kolleginnen und Kollegen anzapfen, anstatt es zu unterdrücken.

In unserem operativen Change-Team hatten wir uns schließlich nach vielen Iterationen[15] dazu entschlossen, mit allen Mitarbeitenden der Sparkasse Bremen auf freiwilliger Basis eintägige Workshops abzuhalten, die genau dieses »Warum müssen wir uns verändern« beinhalteten. Zudem haben wir uns auch der Fragestellung gewidmet, wie wir die Bedenkenträger auf dem Weg zur Netzwerkorganisation mitnehmen können, die für einen gelungenen Veränderungsprozess nicht weniger wichtig sind als die Befürworter. Ganz konkret haben wir darüber hinaus auch die einschlägigen agilen Methoden trainiert und haben die Teilnehmenden selbst einen agilen Design-Thinking-Prozess[16] durchlaufen lassen.

15 Von lateinisch *iterare* = wiederholen.

16 https://wirtschaftslexikon.gabler.de/definition/design-thinking-54120 (abgerufen am 07.01.2021): »Unter Design Thinking wird eine spezielle Herangehensweise zur Bearbeitung komplexer Problemstellungen verstanden. Das zugrundeliegende Vorgehen orientiert sich an der Arbeit von Designern und Architekten. Design Thinking ist dabei zugleich eine Methode, ein Set an Prinzipien, eine spezielle Denkhaltung und ein Prozess mit einer Vielzahl von unterstützenden Tools. Wesentliches Kennzeichen ist die fokussierte Anwenderorientierung.«

2.4 Feedback: So kamen die Maßnahmen bei der Belegschaft an

Im Großen und Ganzen waren die Workshops ein voller Erfolg und wir haben hervorragende Rückmeldungen erhalten. Insbesondere der Ort der Veranstaltungen wurde immer wieder positiv hervorgehoben. Da wir einen nahen Co-Working-Space[17] angemietet hatten, wurden viele Workshops dort durchgeführt und nicht, wie sonst üblich, in den eigenen eher trist und konservativ gestalteten Räumlichkeiten. Das half den Teilnehmenden dabei, einen größeren Abstand zu ihrer alltäglichen Tätigkeit zu bekommen, um somit kreativer – aus einer anderen Perspektive heraus – zu agieren. Darüber hinaus hatten wir allen zu Anfang das Du angeboten, was für viele nicht selbstverständlich war und noch immer nicht alltäglich ist. Viele haben die Duz-Kultur allerdings sehr gerne angenommen, da die Atmosphäre aufgelockert und die Distanz zu den Teilnehmenden verringert wurde. Wir waren teilweise sehr verblüfft, wie konservative Bankangestellte plötzlich aus sich herauskamen und wie dynamisch die gemeinsamen Aufgabenstellungen bewältigt wurden. Ich glaube, dass der Workshop für viele nicht nur beruflicher Natur war, sondern dass er einigen auch privat viel gebracht hat.

Viele Teilnehmende haben sich bei uns im Nachhinein für den Tag bedankt und angemerkt, dass der Workshop auch ihnen persönlich noch mal einen ganz anderen Blick auf ihr Leben gebracht hat. Zum Beispiel gab es Mitarbeitende, die für sich reflektiert haben, ob die derzeitige Tätigkeit, für die sie sich vor vielen Jahren entschieden hatten, heute immer noch stimmig ist. Für manche war das Ergebnis dieser Reflexion – genauso wie für mich – ein Berufswechsel. Schließlich ist Agilität nicht nur auf Organisationen beschränkt. Agilität und die Kommunikation auf Augenhöhe erfordern ein anderes, flexibleres »Mindset« und daher auch ein Stückweit Persönlichkeitsentwicklung. Denn Organisationen »leben« ausschließlich durch Menschen.

Bevor fast alle Zukunftswerkstätten zum Jahreswechsel 2018/2019 aufgelöst wurden, durfte jede Gruppe aus den Bereichen Führung und Werte, Planung und

17 https://coworkingguide.de/coworking/abgerufen am 07.01.2021: »Coworking ist eine neue Arbeitsform, bei der Selbständige, Start-ups, Kreative und zunehmend immer mehr größere Unternehmen unter einem Dach – in einem Coworking Space – unabhängig und gleichzeitig auch zusammenarbeiten. Obwohl alle an individuellen Projekten arbeiten, sind Austausch und gegenseitige Hilfe zentraler Bestandteil.«

Kontrolle, Organisation und Umsetzung sowie Kommunikation und Change ihre Ausarbeitungen vorstellen. Dazu haben sich die zahlreichen Gruppen wie auf einer Messe oder einem Marktplatz zusammengefunden, um auf Flipcharts, Metaplanwänden, TV-Screens oder über andere kreative Medien ihre Ergebnisse zu präsentieren.

Wir im operativen Change-Team hatten uns dafür entschieden, die Menschen sprechen zu lassen. Dafür haben wir Teilnehmende der vielen Workshops gebeten, uns per Videobotschaft ein Feedback zu geben und uns getreu dem Motto »think positive« zu erzählen, was ihnen am besten gefallen hat:

> »Am besten gefallen hat mir, einen Überblick zu bekommen, wie die Praxis später aussehen kann. Wie man eine Netzwerkorganisation installiert.«

> »Vor der Veranstaltung war ich unheimlich gespannt, was mich da erwarten wird. Ich habe gehofft, neue Informationen kennenzulernen über das ganze Thema Netzwerkorganisation. Und ich muss sagen, es war eine tolle Veranstaltung! Es hat mir sehr viel Spaß gemacht, also fühlte ich mich wunderbar. (…) Am besten gefallen hat mir, dass wir aktiv mitmachen konnten. Dass wir Netzwerkorganisation in Teilbereichen selbst ausprobieren konnten. Das war eine tolle Runde, die viel Spaß gemacht hat.«

> »Am besten hat mir die Location gefallen. Es war mal schön, die Veranstaltung in einer anderen Örtlichkeit stattfinden zu lassen und dass wir so gut im Team gearbeitet haben. Es war wirklich gut, dass die beiden Dozenten (…) uns da super eingebunden haben, und die ganze Atmosphäre war sehr gut! (…) Man wurde gut mitgenommen, weil vorher hatte man nur grobe Umrisse, wie Netzwerkorganisation gehen kann oder sollte. Jetzt ging das schon mehr ins Detail. Also wir haben Prozesse besprochen und wie Ideen umgesetzt werden sollen. Und das hat mir sehr gut gefallen, das hat mir weitergeholfen.«

> »Das Thema Netzwerk war für uns alle noch relativ unbekannt, was dahintersteckte. Nach der Veranstaltung hatten wir alle einen deutlich besseren Überblick über das, was für uns eventuell folgen könnte. (…) Am besten hat mir gefallen, dass wir alle gemeinsam das Thema aufbereitet haben und dass wir Begrifflichkeiten gemeinsam dann auch erklärt bekommen und dann auch darüber diskutiert haben. … in der Praxis Beispiele angewendet haben, sodass wir auch ein ganz anderes Gefühl für das Thema bekommen haben.«

»Am besten hat uns im Team gefallen, dass das nicht in unserem Bildungszentrum stattgefunden hat, sondern im Co-Working-Space, in einer ganz anderen Umgebung. Vorher waren wir alle sehr zurückhaltend – was erwartet uns? Und wenn man das im Nachhinein sieht, war das eine tolle Veranstaltung, um die Netzwerkorganisation besser kennenzulernen. Und einfach auch mal das aktive Doing an einer Persona. Und was uns allen hier sehr gut gefallen hat, ist, wie das die beiden Dozenten (...) präsentiert haben. Hut ab, super Leistung. Vielen Dank noch mal.«

»Sehr gut hat mir das Ambiente gefallen und die beiden Dozenten (...), die es auf wirklich ideale Weise geschafft haben, das theoretische Netzwerkwissen in praktische Beispiele zu transportieren.«

2.5 Endspurt: Die Sparkasse Bremen auf der Zielgeraden

Im weiteren Verlauf des Veränderungsprozesses hatte sich parallel zu den individuellen Ausarbeitungen der Werkstätten ein unternehmensübergreifender Steuerungskreis gebildet, der aus dem Vorstand und wesentlichen Wissensträgern bestand. Hier wurden alle Informationen kanalisiert und richtungsweisende Entscheidungen getroffen.

Nur eine Zukunftswerkstatt blieb bestehen: die Zukunftswerkstatt »Kommunikation und Change«, die sich schlussendlich mit dem operativen Change-Team zusammentat. Ab 2019 gab es im Wesentlichen vier Instanzen rund um den Change-Prozess der Sparkasse Bremen: den Steuerungskreis für die strategische Gesamtsteuerung, die Personalabteilung und den Betriebsrat sowie das Change-Team rund um den kulturellen Wandel, das durch zahlreiche Moderatorinnen und Moderatoren unterstützt wurde. Und dass über den Unternehmenserfolg maßgeblich die Unternehmenskultur entscheidet, wissen wir nun aus dem Gallup Engagement Index von 2018.

Nachdem wir uns als Change-Team in einem Teambuilding-Workshop gefunden hatten, konnten wir gemeinsam starten. Unser Team hatte ein richtiges Wir-Gefühl. Mithilfe von *Team Canvas*, einem Tool, mit dem man schnell und kompakt die Teamarbeit auf ein höheres Level bringt, konnten wir unter anderem unsere jeweiligen Stärken betrachten. Auf Basis dieser erarbeiteten wir eine gemeinsame Mission, Werte und ein gemeinsames Zielbild, auf das wir von nun an zusteuern wollten.

Viele Ideen wurden innerhalb des Change-Prozesses ausprobiert, und genau diese Herangehensweise macht ein lernendes Unternehmen aus: experimentieren, prüfen, ob sich Erfolg eingestellt hat, und dann ausrollen, nachjustieren oder verwerfen. Immer und immer wieder aufs Neue. Es sollte innerhalb einer Organisation gang und gäbe sein, neue Ideen und Vorschläge willkommen zu heißen.

2019 war ein Jahr voller kreativer und inspirierender Ideen. Beispielsweise wurde für alle Mitarbeitenden eine moderierte Erlebnisreise angeboten – ein Brettspiel mit Aufgaben, die sich auf die neu entwickelten Vereinbarungen der einzuführenden Netzwerkorganisation bezog. Darin wurden unter anderem Themen behandelt wie selbstorganisierte Zusammenarbeit, agile Methoden und Prozesse, Konfliktmanagement, Feedback geben und nehmen sowie neue Rollen im Team. Eine Aufgabe im Laufe des Spiels war zum Beispiel, dass immer wieder imaginäre Kunden gefragt wurden, ob sie den Weg der Bank hin zu einer agilen Netzwerkorganisation mitgehen würden. Aus meiner Sicht ein voller Erfolg, der nicht nur den Teilnehmenden, sondern auch den Moderierenden sehr viel Freude bereitet hat und viel Skepsis im Hinblick auf die Umstrukturierung ausräumen konnte.

Zum Ende des zweiten Halbjahres 2019 wurden dann für alle Teams des Unternehmens Lotsen gesucht, die als Befürworter der Netzwerkorganisation zum einen als Multiplikatoren der neuen agilen Arbeitswelt fungierten und zum anderen als Ansprechpartner für Fragen hinsichtlich des neuen Regelwerks der Sparkasse Bremen da sein sollten. Parallel dazu wurden unter anderem auch von unserem Change-Team zahlreiche Artikel geschrieben, die im Unternehmensblog veröffentlicht wurden. Es wurden Veranstaltungen angeboten, bei denen die Teilnehmenden zusammen über die neue Welt diskutieren konnten und erfahrene Speaker zum Thema »selbstorganisierte Teams« interviewt wurden.

Darüber hinaus wurden Seminare zu verschiedenen Workhacks angeboten – agilen Methoden, um die Zusammenarbeit und Arbeitsergebnisse von selbstorganisierten Teams zu verbessern. Es gab also zahlreiche Workshops, Seminare, Schulungen und Veranstaltungen, um sich dem Thema »Selbstorganisierte Netzwerkorganisation« zu nähern und die Veränderung voranzutreiben. Ein Höchstmaß an Transparenz war in diesem Kontext der wesentliche Erfolgstreiber.

Doch worauf freuten sich Mitarbeitende der Sparkasse Bremen am meisten, wenn sie an die bevorstehende selbstorganisierte Netzwerkorganisation dachten? Dazu hatten wir unsere Kolleginnen und Kollegen aus allen Hierarchieebenen, inklusive Vorstand, befragt:

»..., dass der ganze Betrieb eigenverantwortlich arbeiten kann und jeder einfach mehr Verantwortung in die eigenen Hände bekommt und das im Sinne der Bank nutzen kann.«

»... flachere Hierarchien, schnellere Entscheidungswege, flexibleres Arbeiten und nicht immer so viel rumschnacken, sondern einfach machen!«

»..., dass wir es erreichen werden, dass alle Menschen mehr Spaß haben an der Arbeit und wir damit dann auch viel flexibler werden, schneller werden und immer ganz tollen Kundennutzen stiften.«

»... auf eine erfolgreiche Zusammenarbeit.«

»... auf die Zusammenarbeit mit meinen Kollegen, dass wir die Entscheidung alle gemeinsam treffen können. Dass das nicht einer dann entscheidet, sondern wir im Team. In jeglicher Richtung dann Entscheidungen getroffen werden, und wenn es mal nicht läuft, dass wir das dem Kollegen auch mal sagen können, worauf er sich zu konzentrieren hat, dass man nicht über Ecken vielleicht über den Chef an ihn heranmuss. Darauf freue ich mich am meisten!«

»Ich freue mich am meisten auf die neuen Entwicklungsperspektiven, die sich uns dann bieten werden.«

»... auf agiles, schnelles Zusammenarbeiten. Dass wir alle auf einer Augenhöhe sind. Dass tolle Ideen schnell umgesetzt werden, wie zum Beispiel jetzt gerade bei mir im Team.«

»Ich freue mich darauf, dass Entscheidungsprozesse klarer strukturiert sind und weniger endlose Diskussionen entstehen.«

»..., dass wir Entscheidungen viel schneller treffen können!«

»Ich freue mich auf das Zusammenarbeiten mit vielen engagierten Mitarbeiterinnen und Mitarbeitern.«

»... die Möglichkeit zu bekommen, neue Dinge auszuprobieren, vielleicht auch auf anderem Weg, und einfach neue Strukturen auszuprobieren.«

»..., dass wir viele agile Projekte haben, die wir schnell zu einem guten Ergebnis führen werden, und hierarchiefrei, übergreifend zusammenarbeiten werden.«

»... auf das Mitentscheiden!«

»Ich freue mich auf die Netzwerkorganisation, weil die Wege für Entscheidungen einfach kürzer werden. Es wird nicht immer sofort klappen, das wird auch schwierig werden am Anfang, aber es wird auf jeden Fall irgendwann klappen, da bin ich mir ganz sicher. Wir müssen nur dranbleiben!«

»Ich kann das machen, was mir Freude bereitet und was ich schon immer machen wollte. Ich kann überall meine Nase reinstecken, meine Ideen miteinbringen, und darauf freue ich mich schon in den nächsten Monaten, in den nächsten Jahren. Diese Expertise, die ich gesammelt habe in den letzten Jahren, aktiv einzubringen. Was gibt es Besseres?«

»... auf noch mehr Spaß bei der Arbeit.«

»Ich freue mich am meisten darauf, noch mehr mitgestalten zu können und noch mehr Entscheidungen zu treffen.«

»... auf unsere zukünftige Zusammenarbeit. Ich finde das total klasse, den Weg, den wir gehen wollen. Und ich freue mich, wenn die ersten Maßnahmen umgesetzt worden sind und wir endlich offiziell eine Netzwerkorganisation sein werden.«

Am 01.12.20019 war es dann so weit. Entscheidungen werden seitdem im Team getroffen. Feedback wird nicht mehr über die jeweilige Führungskraft gegeben, sondern direkt. Tätigkeiten, die früher Führungskräfte ausübten, sind nun auf die Teammitglieder verteilt. Alte, schwelende Konflikte werden ausgetragen, wo es keine höhere Instanz mehr gibt, die einen Deckel auf den brodelnden Topf legt. Den Satz »Das haben wir aber immer schon so gemacht« hört man nun wahrscheinlich weniger.

Die wesentlichste Veränderung innerhalb der Sparkasse Bremen ist jedoch die Tatsache, dass hierarchische Strukturen ab der Vorstandsebene zum genannten Stichtag komplett abgeschafft wurden. In der neuen Verfassung, die sich die Sparkasse Bremen selbst gegeben hat, steht der Satz: **»Niemand von uns ist anderen gegenüber weisungsberechtigt.«**[18]

Dazu gehört auch der Vorstand. Darum ist es wichtig, sich dem Thema Hierarchie einmal ganz genau zuzuwenden. Wird es zukünftig noch Führungskräfte geben? Ist das pyramidenartige hierarchische System noch zukunftsweisend? Oder brauchen wir in einer komplexen Welt eine neue evolutionäre Organisationsform, die auf horizontale Beziehungsebenen setzt, also auf Eigenverantwortung und Vertrauen, die Entfaltung von Potenzialen und vor allem auf Flexibilität und Schnelligkeit? Was genau charakterisiert ein modernes, evolutionäres Unternehmen und welche Unterschiede gibt es zur traditionellen Form der Organisation?

18 Verfassung über die Zusammenarbeit in der Die Sparkasse Bremen AG, Seite 4: https://www.sparkasse-bremen.de/content/dam/myif/sk-bremen/work/dokumente/pdf/Ihre-Sparkasse/Nachhaltigkeit/Verfassung%20Auszug%20Internet.pdf?stref=iconbox (abgerufen am 11.01.2021).

3 Entwicklung zur evolutionären Zusammenarbeit

3.1 Traditionell vs. evolutionär

Eine eindeutige, anerkannte Definition von »Organisation« gibt es nicht. Aus meiner Sicht kann eine Organisation als soziales System verstanden werden, in dem sich Menschen mit einem gemeinsamen Anliegen zusammenfinden. Der Fokus liegt hier auf der individuellen Ausgestaltung der gemeinsamen Zusammenarbeit, die vom gemeinsamen Ziel und den damit verbundenen Herausforderungen abhängt.

In den letzten 100.000 Jahren haben wir uns in den verschiedensten Organisationsmodellen zusammengefunden, um unsere gemeinsamen Anliegen bestmöglich zu meistern. Frédéric Laloux hat in seinem Buch »Reinventing Organizations« die wichtigsten Stufen der Entwicklung des menschlichen Bewusstseins und die damit einhergehenden Organisationsmodelle beschrieben.[19] Die ersten vier der fünf folgenden Modelle gemeinsamer Zusammenarbeit lassen sich aus der Historie heraus mit einer typischen Weltsicht, charakteristischen Bedürfnissen sowie mit einer spezifischen kognitiven und moralischen Entwicklung etikettieren. Schließlich benötigten die Menschen im Agrar- und Industriezeitalter eine andere Organisationsform als jene im heutigen Informationszeitalter, in dem fast jede Information im Internet frei verfügbar ist und komplexe Herausforderungen oft nur gemeinsam im Team zu lösen sind. Wir haben uns in unserer Menschheitsgeschichte im Kontext der aufeinanderfolgenden Stufen der menschlichen Evolution wie folgt organisiert:

Tribale[20] impulsive Organisationen:
Beispiele für diese Organisationsform sind die Mafia, Straßengangs oder Stammesmilizen, die durch Machtausübung durch den Anführer, Angst und einen sehr kurzfristigen Fokus charakterisiert werden.

19 Frédéric Laloux: Reinventing Organizations. Vahlen, 2015, S. 36–37.
20 »Tribal« kommt aus dem Englischen und bedeutet »Stamm«.

Traditionelle konformistische Organisationen:
Vorbilder für dieses Modell sind die katholische Kirche, das Militär, viele Regierungsbehörden und das öffentliche Schulsystem. Typische Merkmale dieser Organisationen sind stark formalisierte Rollen innerhalb einer hierarchischen Pyramide. Top-down-Anweisungen (von oben nach unten) sind die Regel. Der höchste Wert für diese Art der Organisation ist Stabilität.

Moderne leistungsorientierte Organisationen:
Der modernen leistungsorientierten Organisationsform können insbesondere multinationale Unternehmen zugeordnet werden. Multinationale Unternehmen haben in der Regel die Ziele, besser zu sein als die Konkurrenz, Profite zu erwirtschaften und zu expandieren. Wesentlich für diese Unternehmen ist, durch Innovationen an der Spitze zu bleiben. Ein wichtiges Instrument sind dafür Zielvorgaben vom Management.

Postmoderne pluralistische Organisationen:
Diese Unternehmen können dem Spektrum der kulturorientierten Organisationen zugeordnet werden. »Pluralismus« bedeutet in diesem Kontext, dass Mitarbeitende in ihrer Individualität anerkannt und respektiert werden. Beispiele sind *Ben & Jerry's* und *Southwest Airlines*, die allesamt den Fokus auf eine werteorientierte Kultur setzen und alle Interessengruppen gleichermaßen berücksichtigen. Zudem setzen diese Unternehmen auf Empowerment, um eine herausragende Motivation der Mitarbeitenden zu erreichen. Dennoch wird diese Ausprägung der Zusammenarbeit unter dem Deckmantel der klassischen Pyramidenstruktur verwirklicht.

Integrale evolutionäre Organisationen:
Das integrale evolutionäre Organisationsmodell kann noch nicht exakt charakterisiert werden. Viele Anzeichen sprechen dafür, dass wir in unserer Menschheitsgeschichte gerade dabei sind, eine weitere Stufe der menschlichen Evolution zu erklimmen und ein daraus resultierendes neues gemeinsames Bewusstsein für eine stimmigere Zusammenarbeit zu extrahieren. Im Ergebnis entstehen neue evolutionäre Organisationsmodelle, von denen es heute noch nicht genug gibt, um eindeutige Schlüsse zu ziehen. Laloux konstatiert:

> »Mit jeder neuen Stufe des menschlichen Bewusstseins ging auch ein Durchbruch in unserer Fähigkeit zur Zusammenarbeit einher, was zu einem neuen Organisationsmodell führte.«[21]

Wie könnte so ein neues evolutionäres Organisationsmodell im Gegensatz zum traditionellen Unternehmen aussehen und wie sieht die Zusammenarbeit innerhalb dieser Unternehmen aus?

Grundsätzlich können Menschen oft aus dem Stegreif beantworten, ob sie in einer klassischen Organisation oder in einem modernen Unternehmen arbeiten. Schnell werden Beispiele genannt, warum die jeweilige Organisation in die eine oder in die andere Schublade gesteckt werden kann. Doch lassen sich auch genauere Merkmale beobachten, die eine klarere Definition als das Bauchgefühl zulassen? Wie lässt sich herausfinden, ob traditionell oder modern zusammengearbeitet wird?

Generell bedeutet »traditionell« nichts weiter, als dass Handlungsmuster in Organisationen über Generationen hinweg weitergegeben werden. Traditionelle Unternehmen setzen ihren Fokus nach innen und halten an ihren Normen und Werten fest. Veränderungen werden eher als Gefahr gesehen. Bewährtes muss verteidigt werden. Oftmals haben traditionelle Organisationen ein Machtmonopol ohne hohen Wettbewerb und »richtige« Kunden, die mit veränderten Konsumentscheidungen eine bedarfsgerechte Entwicklung anstoßen könnten.

»Evolutionär« ist dagegen eine langsame und allmähliche Weiterentwicklung der bestehenden Handlungsmuster. Evolutionäre Organisationen werden meistens von den Kunden getrieben und gesteuert. Diese Unternehmen befinden sich innerhalb eines starken Wettbewerbs, der durch einen schnellen und disruptiven Wandel flankiert wird. Evolutionäre Unternehmen begreifen Veränderungen eher als Chance, da sie sich flexibel an neue Kundenbedürfnisse anpassen können. Eine Grundbedingung dafür ist die kontinuierliche Lernbereitschaft innerhalb der Belegschaft.

21 Frédéric Laloux: Reinventing Organizations. Vahlen, 2015, S. 13.

! **Traditionell vs. agil**

Traditionelle Organisationen fokussieren sich sehr stark auf sich selbst. Sie denken in Pyramiden und Silos. Agile Unternehmen hingegen richten ihre Strategie an den Kunden aus und streben eine Maximierung des Kundennutzens an.

Ob klassisch, traditionell oder evolutionär, modern und agil, eine Verallgemeinerung fällt oft schwer, wenn das Unternehmen in all seinen Attributen präziser unter die Lupe genommen wird. Schließlich gibt es innerhalb jeder Organisation mehrere Faktoren, die verschiedene Antworten auf die Frage liefern können, inwieweit innerhalb einer Unternehmung eher traditionell oder modern zusammengearbeitet wird. Wie kann die Reife einer Organisation zwischen den beiden Polen 100 Prozent »klassisch« und 100 Prozent »agil« gemessen werden und worin liegt der Nutzen einer Klassifizierung?

3.2 Standortbestimmung anhand von agilen Reifegraden

Den Kurs kann der Seefahrer erst dann bestimmen, wenn er weiß, wo genau er sich befindet. Hat er seinen Standort bestimmt, kann er seine Segel setzen und den direktesten Weg einschlagen. Sicherlich wird ihn der Wind immer wieder vom Kurs abbringen. Erst durch regelmäßiges Nachjustieren wird er sein Ziel am Ende doch erreichen.

Diese Herausforderung hat auch ein Unternehmen, wenn es sich weiterentwickeln möchte. Eine Standortanalyse ist wesentlich, damit weitere Schritte in Richtung Agilität sinnvoll umgesetzt werden können und nicht ins Leere laufen. Insbesondere wenn es um Veränderungsprozesse geht, müssen Trainierende, Beratende oder Coachende wissen, wo sie Individuen, Teams oder Organisationen abholen können. Eine Unter- oder Überforderung kann schnell zur Ablehnung und zum Scheitern des Prozesses führen. Wie in der Analogie mit dem Seefahrer kann erst durch die regelmäßige Überprüfung festgestellt werden, ob und wann eine Organisation ihr Ziel erreicht hat und der Veränderungsprozess abgeschlossen ist.

Zudem geben agile Reifegrade Aufschluss über die Lernfähigkeit und den Lernwillen von Organisationen und damit auch eine Orientierung, wohin erste Schritte hin zu einer agilen Organisationsform gehen könnten.[22] Eine traditionelle Organisation

22 Judith Andresen: Agiles Coachen. Die neue Art, Teams zum Erfolg zu führen. Carl Hanser, 2018, S. 93–94.

wird sich mit modernen Methoden wie den »Workhacks« (siehe Kapitel 6 »Selbstorganisation mit Workhacks«) eher schwertun als ein Unternehmen, das mit Pilotprojekten erste positive Erfahrungen sammeln konnte.

Eine umfangreiche Analyse der bestehenden Zusammenarbeit innerhalb von Organisationen ist daher unerlässlich. Eine ganzheitliche Betrachtung hinsichtlich agiler Reifegrade bezieht Individuen genauso wie Teams und die gesamte Organisation mit ein. Verantwortliche beantworten dazu unter anderem folgende Fragen:

- Wie ist das Unternehmen langfristig strategisch aufgestellt?
- Wie ist die Organisation strukturiert?
- Welche Prozessmethoden werden genutzt?
- Welche Methoden nutzen Teams für eine stimmige Zusammenarbeit?
- Wie werden Stakeholder, wie zum Beispiel Kunden und Lieferanten, in Entscheidungen einbezogen?
- Welche Führungsstile werden bevorzugt?
- Welche besonderen Attribute zeichnen die Unternehmenskultur aus?

Antworten auf diese Fragen bieten erste Interpretationsmöglichkeiten im Hinblick auf den agilen Entwicklungsstand von Individuen, Teams und Organisationen. Es gibt verschiedene Modelle für die Kategorisierung in agile Reifegrade, die im Folgenden beschrieben werden.

3.2.1 Agile Reifegrade nach Häusling

Um Organisationen in Bezug auf ihre jeweilige Entwicklungsstufe besser unterscheiden zu können, wurde im Buch »Agile Organisationen« von André Häusling[23] das sogenannte TRAFO-Modell geprägt. Das Modell unterscheidet sechs Dimensionen, die in nahezu jeder Organisation zu finden und daher gut zu vergleichen sind:

- Struktur
- Prozess
- Strategie
- Führung

23 André Häusling: Agile Organisationen. Transformationen erfolgreich gestalten – Beispiele agiler Pioniere. Haufe, 2018, S. 50.

- Human Resources
- Kultur

Zudem durchlaufen in dem Modell alle genannten Dimensionen fünf Entwicklungsstufen, die aufeinander aufbauen:

- klassische Organisation
- Experimentierphase
- Bewährungsphase
- Etablierungsphase
- agile Organisation

Da es in Organisationen zwar moderne, agile Prozesse geben kann, gleichzeitig aber eine rudimentäre Kundenorientierung sowie starre Strukturen, ist eine genaue Definition, in welcher Phase sich ein Unternehmen derzeit befindet, schwierig. Einfach wird es erst dann, wenn alle Dimensionen einer bestimmten Entwicklungsstufe zugeordnet werden können. Aufgrund der komplexen Zuordnung im Mittelfeld aller Entwicklungsphasen und der daraus resultierenden Herausforderungen wird der Fokus im Folgenden auf die beiden gegensätzlichen Pole gerichtet. Die folgende Tabelle zeigt für die traditionelle »klassische Organisation« und die evolutionäre »agile Organisation« eine eigene Interpretation typischer Eigenschaften jeder Dimension auf:

	Traditionelle Zusammenarbeit	**Evolutionäre, agile Zusammenarbeit**
Struktur	Hierarchie	Netzwerk
Prozess	Wasserfall[24]	iterativ[25], inkrementell[26]
Strategie	selbstorientiert	kundenorientiert
Führung	sagend, vertikal	fragend, lateral[27]
Human Resources	verwaltend	Empowerment[28]
Kultur	Kontrolle, Angst, Fehler	Vertrauen, Zuversicht, Lernen

24 Projektphasen werden vollständig durchgeplant, bevor der Prozess startet. Es gibt nur eine Lösung.

25 Handlungen werden mehrfach wiederholt, um sich einer Lösung anzunähern. Es kann mehrere Lösungen geben.

26 Lateinisch *incrementum* = Zuwachs. Hier ist ein Ergebnis gemeint, das nach jedem wiederholten Prozessschritt potenziell ausgeliefert werden könnte.

27 Lateinisch *lateralis* = seitlich. Die laterale Führungskraft hat die Funktion als Partner und Dienstleister.

28 Kontinuierliche Ermächtigung der Mitarbeitenden.

Ein konkretes Beispiel für das Durchlaufen der verschiedenen Entwicklungsstufen könnte wie folgt aussehen: Das traditionsreiche Unternehmen X ruft die Strategie aus, den Fokus mehr auf die Kunden zu legen und in dem Zuge lange Time-to-Market-Zeiten[29] zu reduzieren. Flankierend zu der strategischen Ausrichtung fängt das Unternehmen explorativ damit an, agile Prozesse wie Scrum und Kanban zu pilotieren. Das Unternehmen befindet sich in der »Experimentierphase«. Da Scrum-Teams per Definition selbstorganisiert sind und den Fokus auf Kundinnen und Kunden legen, beschäftigen sich Verantwortliche der Firma X gleichermaßen mit den aufkommenden Fragen der hinderlichen starren Struktur und der Rolle derzeitiger Führungskräfte. Infolge der Pilotierung werden Produktionszyklen nachhaltig verkürzt und Kunden sind mit den Produkten aufgrund der frühen Einbindung in den Entwicklungsprozess zufriedener. Die angestoßenen Dimensionen befinden sich nun in der »Bewährungsphase«. Auch wenn die Prozesse und Strukturen formell angepasst sind, tun sich viele Mitarbeitende mit der neuen agilen Denkweise schwer. Die »Etablierungsphase« kann mehrere Jahre dauern, da eine neue agile Unternehmenskultur von Mitarbeitenden ein neues Mindset[30] abfordert, das bei einem Teil der Belegschaft zunächst auf Ablehnung stößt. Eine komplett »agile Organisation« kann nach vielen Jahren entstehen, wenn sich der größte Teil der Mitarbeitenden als gemeinsam lernende Organisation versteht, die auf Vertrauen und Zuversicht basiert.

3.2.2 Agile Reifegrade nach Andresen

Andresen unterscheidet vier Entwicklungsstufen, die vom agilen Reifegrad D (»echt im Team arbeiten«) bis zum Reifegrad A (»in und mit der Organisation lernen«) aufeinander aufbauen.[31]

Während das TRAFO-Modell von Häusling die gesamte Organisation hinsichtlich ihrer Entwicklungsstufen untersucht, wird bei Andresen zwischen dem Team und der Organisation unterschieden. Dazu wird der Fokus in den ersten beiden Entwicklungsstufen auf das Team gerichtet. In den letzten beiden Reifegraden wird die Organisation als Ganzes in den Mittelpunkt der Betrachtung gestellt. Im Folgenden werden charakteristische Merkmale der einzelnen agilen Reifegrade (AR) dargestellt:

29 Die Dauer von der Produktentwicklung bis zur Platzierung des Produkts am Markt.
30 Englisch *mindset* = Denkweise.
31 Judith Andresen: Agiles Coachen. Die neue Art, Teams zum Erfolg zu führen. Carl Hanser, 2018, S. 92–104.

AR-D:

- Zielraum: mit der **Einführung von agilen Methoden** »echt im Team arbeiten«
- Dauer: circa sechs Monate
- möglicher erster Schritt: regelmäßige Retrospektiven, um gemeinsam ins Lernen zu kommen

AR-C:

- Zielraum: als **crossfunktionales Team**[32] »im großen Team liefern«
- Dauer: zwei bis drei Jahre
- möglicher erster Schritt: Disziplinen der anderen Teammitglieder kennenlernen, um Überlappungen in den Kompetenzen zu erzeugen

AR-B:

- Zielraum: »Führung an Teams ausrichten« durch **laterale Führung**
- Dauer: circa zwei Jahre
- möglicher erster Schritt: disziplinarische, prozessuale und fachliche Führung wird im crossfunktionalen Team sinnvoll aufgeteilt, um eine stimmigere Zusammenarbeit zu ermöglichen

AR-A:

- Zielraum: »in und mit der Organisation lernen« durch mehr **Transparenz und unternehmensweiten Austausch**
- Dauer: circa drei Jahre
- möglicher erster Schritt: bewährte lokale Erkenntnisse crossfunktionaler Teams werden unmittelbar global umgesetzt, um schneller auch große Veränderungen herbeiführen zu können

Genauso wie Häusling unterstreicht Andresen, dass Organisationen nicht exakt einem Reifegrad zugeordnet werden können. Wissenschaftlich ist die Einordnung in verschiedene agile Reifegrade nach Andresen nicht bewiesen, vielmehr wurden die agilen Entwicklungsstufen durch die vielen Beobachtungen der agilen Coaches ihrer Unternehmensberatung abgeleitet. Außerdem kann es sein, dass verschiedene Organisationsteile unterschiedliche agile Reifegrade aufweisen. Die individuelle Betrachtung der unterschiedlichen Dimensionen wie Struktur, Prozesse und Kultur

32 Ein crossfunktionales Team verbindet Menschen mit verschiedenen funktionalen Fähigkeiten, die ein gemeinsames Ziel verfolgen.

sollte daher genauso einbezogen werden wie eine Differenzierung der unterschiedlichen Teams der jeweiligen Organisation.

3.2.3 Agile Reifegrade nach *zeb*

Da sich die bisher beschriebenen agilen Reifegrade insbesondere auf Unternehmen der IT-Branche beziehen, ist es aus meiner Sicht wertvoll, einmal über den Tellerrand zu schauen, wie andere Branchen kategorisiert werden. Auch wenn sich die agile Transformation zum größten Teil auf das Agile Manifest[33] und die Softwareentwicklung bezieht, wird der Drang hin zu evolutionären Organisationen auch für viele andere Branchen überlebenswichtig – nicht nur aufgrund der globalen Digitalisierung und der damit einhergehenden nötigen flexiblen Anpassung an eine sich schnell verändernde Welt, sondern auch wegen des steigenden Bedürfnisses von Mitarbeitenden nach einer stimmigeren Zusammenarbeit.

Im Rahmen des »Agile Readiness Check 2019« hat die Unternehmensberatung *zeb*[34] weitere agile Reifegrade definiert, in die eine gewisse Anzahl an großen und kleinen Finanzdienstleistern eingruppiert wurde. Dazu wurden insgesamt 216 Mitarbeitende zu ihren Erfahrungen und ihrer Meinung zum Thema Agilität in der Finanzdienstleistungsbranche befragt. Anhand der Ergebnisse wurden die teilnehmenden Banken in Bezug auf ihre agilen Reifegrade kategorisiert, die von ihrer Entwicklungsstufe her wie folgt aufsteigen und unterschiedliche Charakteristika aufweisen:

Agile Denier:

- Es herrschen überwiegend starre hierarchische Strukturen.
- Es wurden noch keine agilen Methoden erprobt.
- Das Potenzial von Agilität wurde noch nicht erkannt.

Agile Explorer:

- Erste Maßnahmen wurden erprobt.
- Es besteht ein geringes Bewusstsein für die Notwendigkeit einer agilen Entwicklung.
- Ein klares Leitbild hin zu mehr Agilität wurde noch nicht definiert.

33 https://agilemanifesto.org/ (abgerufen am 04.11.2020).

34 https://zeb-consulting.com/files/media/documents/2020-02/zeb_agile_readiness.pdf (abgerufen am 04.11.2020).

Agile Prospect:

- Erste Maßnahmen für mehr Agilität wurden eingeführt.
- Häufig fehlt es an einem strukturierten Vorgehen.
- Einzelne Handlungsfelder werden noch stark vernachlässigt.

Agile Performer:

- Viele Elemente agiler Unternehmen wurden umgesetzt.
- Die Notwendigkeit des Wandels wurde erkannt.
- Das Leitbild muss noch weiter geschärft werden.
- Einzelne vernachlässigte Handlungsfelder müssen zudem noch stärker angegangen werden.

Agile Leader:

- Es wird weitgehend agil zusammengearbeitet.
- Die Organisation wurde entsprechend angepasst.
- Voraussetzungen, um den Herausforderungen einer sich schnell verändernden Welt anzupassen, sind geschaffen.
- Bei Agile Leadern stehen vor allem die Optimierung und ein konstanter Review im Mittelpunkt.

Auch diese spezifischen agilen Reifegrade können für eine grobe Standortbestimmung insbesondere für andere Dienstleister herangezogen werden, auch wenn sich die Entwicklungsstufen ausschließlich auf Finanzinstitute beziehen.

Ist der Standort erst einmal gefunden, kann der Kurs bestimmt werden. Doch wohin soll die Reise gehen? Welcher Leitstern motiviert Mitarbeitende, einen langwierigen Veränderungsprozess mitzugehen, der bei vielen Menschen Ängste und Befürchtungen auslöst. Sind es die neuen Prozesse, ein angepasstes Organigramm oder ein vorgesetztes Unternehmensleitbild? Oder ist es vielleicht eine ganz neu gedachte Form der Zusammenarbeit?

Im Folgenden möchte ich einen Blick in die Zukunft wagen. Wie könnte die Zusammenarbeit in evolutionären Unternehmen aussehen und was macht sie erfolgreich? Welches Potenzial steckt in neuen Organisationsmodellen und welche Auslöser lassen Entscheiderinnen und Entscheider auf die nächste evolutionäre Stufe springen?

3.3 Potenziale neuer Organisationsmodelle

Menschen sind einer Ideologie verfallen, wenn sie eine bestimmte Weltanschauung vertreten, ohne eine andere Wahrheit zuzulassen. Die meisten wissen gar nicht, dass sie eine Denkweise haben, die nicht zur Disposition gestellt werden darf. Und davon nehme ich mich selbst explizit nicht aus. Wenn sich jemand innerhalb einer Diskussion von stichhaltigen Argumenten nicht beeindrucken lässt und den eigenen Standpunkt mit emotional aufgeladenen Glaubenssätzen vertritt, kann es sein, dass diese Person einer unveränderbaren Meinung verfallen ist. Dazu bedarf es nicht immer einer gezielten Manipulation. Menschen bilden sich ihre Meinung durch ihre individuellen Erfahrungen. Die Frage lautet allerdings, wie flexibel sie Meinungen, Ansichten und Weltanschauungen verändern können.

Hier sehe ich Parallelen zu gewachsenen Organisationsstrukturen, die irgendwann so eingefahren sind, dass eine Veränderung nur schwer möglich ist. Von wesentlicher Bedeutung ist daher für mich, dass auch Mitarbeitende sich immer mal wieder selbst hinterfragen, ob sie dem einen oder anderen »Ismus« verfallen sind: Kapitalismus, Sozialismus, Kommunismus, Minimalismus, Keynesianismus, Liberalismus, um nur eine kleine Auswahl von »Ismen« zu nennen, die versuchen, einen bestimmten Gegenpol zu definieren. Das empfehle ich gleichermaßen für die Wahl einer bestimmten Organisationsform.

Aus vielen Gesprächen kann ich berichten, dass insbesondere jene Menschen, die viele Jahren lang mühsam die Karriereleiter hochgestiegen sind und in ihrer Vergangenheit sehr gut funktioniert haben, bei Gesprächen über neue Organisationsmodelle sofort eine hoch emotionale Verteidigungshaltung einnehmen. Je länger Mitarbeitende in traditionellen Organisationen gearbeitet und je mehr Hierarchiestufen sie erklommen haben – so mein Eindruck –, desto weniger konnten sie sich vorstellen, wie neue Arten der Zusammenarbeit funktionieren können. In vielen Fällen waren evolutionäre Organisationsmodelle schon vor der Diskussion zum Scheitern verurteilt, was mir die Frage aufdrängte, ob hier eine Weltanschauung vorliegt, die weder hinterfragt werden darf noch einer Diskussion würdig ist. Für diese Beschäftigten gab es nur »eine wahre Form« der Organisationsstrukturierung. Nicht für jede Organisation ist eine hierarchische Struktur passend. Genauso ist aber auch nicht für jede Organisation eine komplett hierarchiefreie Zusammenarbeit erfolgreich und stimmig. Wichtig ist aus meiner Sicht, dass Strukturen auf Sinnhaftigkeit überprüft werden und laufend angepasst werden können, je nach individuellem Bedarf.

Der größte Schritt hin zu einer evolutionären Zusammenarbeit ist aus meiner Sicht die Chance, die Wirtschaft wieder vom Menschen aus zu denken. Eine Zusammenarbeit, bei der sich Mitarbeitende wieder als Menschen begegnen können und nicht nur in ihrer zugeschriebenen Rolle: auf Augenhöhe mit Respekt, sozusagen auf einer horizontalen Beziehungsebene. Tatsächlich behandeln sich Kolleginnen und Kollegen dort, wo über andere Macht ausgeübt werden kann, oft als Ressource, die nach Belieben verbraucht werden kann. Allerdings handelt es sich um eine menschliche Ressource, die ihre gesamte Energie dabei verbraucht, eine bestimmte Rolle einnehmen zu müssen. Menschen haben das Bedürfnis, authentisch zu sein. Leider bekommen viele Mitarbeitende in ihrem gesamten Berufsleben lediglich für ihre gespielte Rolle Anerkennung, die vielleicht zehn Prozent des gesamten Menschen ausmacht. Die übrigen 90 Prozent der Potenziale bleiben dabei oftmals auf der Strecke. Meiner Meinung nach ist die Kultur in traditionellen Organisationen zum größten Teil durch Angst geprägt, Erwartungen eines spezifischen Anforderungsprofils nicht mehr erfüllen zu können. Eine Angst, die nicht aufgrund fehlender Fähigkeiten und Fertigkeiten entsteht, sondern aufgrund der Gewissheit, die anderen 90 Prozent nicht ausleben zu können.

Es geht in evolutionären Organisationen darum, unterdrückte Energie wieder freizusetzen und einen geeigneten Rahmen zu schaffen, in dem sich Potenziale entfalten können. Die meisten Menschen haben es schon erlebt, was alles möglich ist, wenn man sich angstfrei begegnet und ein gemeinsames Ziel oder Anliegen verfolgt. Ob in Vereinen oder einfach im Freundeskreis, wo alle so sein dürfen, wie sie in Wirklichkeit sind, und genau so anerkannt und gesehen werden – dort kann eine Energie und Motivation entstehen, die man in einer zum größten Teil fremdbestimmten Organisation lange suchen muss.

Eine entscheidende Voraussetzung für die Entwicklung hin zu einem modernen, evolutionären Unternehmen ist allerdings, dass Vorstände und Geschäftsführende diese Stufen nicht nur mitgehen, sondern begeistert vorangehen wollen. Ohne den Willen der Steuernden kann es keinen positiven Wandel geben, egal wie gerne sich Mitarbeitende eine ganzheitliche Zusammenarbeit wünschen, die auf Authentizität und gegenseitigem Vertrauen beruht. Für diese evolutionären Schritte wünsche ich insbesondere allen Vorständen und Geschäftsführenden den Willen, bestehende Strategien, Strukturen und Prozesse sowie die eigene Unternehmenskultur des Öfteren intensiv zu hinterfragen, um diese sinnvoll und stimmig anzupassen. Darum möchte ich dieses Kapitel mit einem aus meiner Sicht schönen Zitat von Frédéric Laloux beenden:

> »Was bringt einen Menschen dazu, sich für eine spätere, komplexere Bewusstseinsstufe zu öffnen? Forschungen zeigen, dass der Auslöser für vertikale Entwicklungen oft tiefe Lebenskrisen sind, die auf der gegenwärtigen Stufe keine Lösung finden. Wenn wir mit solch einer Herausforderung konfrontiert werden, sind zwei Herangehensweisen möglich: Wir können in eine komplexere Perspektive hineinwachsen, die eine Lösung für unser Problem eröffnet, oder wir können versuchen, das Problem zu ignorieren, wobei wir uns manchmal stärker an unserer momentanen Weltsicht festhalten.«[35]

Mein ehemaliger Arbeitgeber, die Sparkasse Bremen, durfte diese Krise auch durchlaufen. Starre Weltanschauungen werden dann hinterfragt, wenn sie in ihrem Fundament erschüttert werden. Projekte wurden so komplex und vielschichtig, dass sie nicht mehr einzelnen Abteilungen zugeordnet werden konnten. Eine bessere Form der Zusammenarbeit musste also gefunden werden – die Idee von der Transformation zur agilen Netzwerkorganisation wurde geboren. Der nächste Schritt auf der menschlichen Evolutionsstufe wurde ermöglicht, indem eine komplexere Perspektive eingenommen und stimmige Lösungen mutig vorangetrieben wurden.

35 Frédéric Laloux: Reinventing Organizations. Vahlen, 2015, S. 39.

4 Gründe für die Selbstorganisation

4.1 Hierarchie fördert destruktive Verhaltensweisen

Zahlreiche Unternehmen fangen an, ihre Hierarchiestufen sukzessive zu reduzieren. Schließlich gibt es keine Evidenz dafür, dass Organisationen mit Hierarchie generell einen höheren Erfolg aufweisen als Organisationen mit flachen Hierarchien oder gar keiner vertikalen Unternehmensstruktur.

Für den überwiegenden Teil unserer Vorstände und Geschäftsführenden ist ein pyramidenartiger Aufbau des Organigramms allerdings immer noch die einzig gültige Lösung und wird wenig bis gar nicht reflektiert. Das gilt mehr für gewachsene Unternehmen als für junge Start-ups, die sich bei ihrer Wahl der Organisationsform zwingend Gedanken machen müssen. Aber warum wird Hierarchie so selten hinterfragt? Warum braucht es »Führung« als Beruf? Felix Frei beschreibt dieses Phänomen wie folgt:

> »Hierarchie ermöglicht sozialen Aufstieg, die Übernahme größerer Aufgaben mit mehr Verantwortung, sie gewährt Status, gibt Macht und Ansehen und wird materiell gut bis exorbitant gut entschädigt.«[36]

Doch so schön pyramidenartige Strukturen für einzelne Personen auch sein mögen, die tagtägliche Zusammenarbeit wird durch starre Strukturen erschwert und gibt nur scheinbar die erhoffte Sicherheit. So stellte Achim Hensen, verantwortlich für die Organisationsentwicklung und Zusammenarbeit beim Onlineportal *Traum-Ferienwohnungen*, fest, dass eine schnelle Reaktionsfähigkeit, direkte Kommunikation, gemischte Teams und wenig Bürokratie in den klassisch-hierarchischen Unternehmensstrukturen nur schwer umzusetzen sind. Daher arbeiten laut Hensen bei dem in Bremen gegründeten Unternehmen mittlerweile alle Mitarbeitenden in gemischten, eigenverantwortlichen Teams ohne feste Führungskräfte.[37]

Einerseits können Mitarbeitende aufgrund der eingefahrenen Strukturen ihr Potenzial nicht voll entfalten, anderseits wollen sie es schon gar nicht mehr. Dazu schreibt

36 Felix Frei: Hierarchie. Das Ende eines Erfolgsrezepts. Pabst Science Publisher, 2016, S. 12–13.
37 BAM: Mehr Demokratie für die Arbeitswelt, Januar/Februar Ausgabe 2017, S. 14.

Frei weiterhin, dass Hierarchie dazu neigt, den unterstellten Menschen das Denken abzunehmen, es ihnen sogar manchmal abzugewöhnen. Kein Wunder also, dass es Menschen nach dreißig oder vierzig Jahren »Chef« schwerfällt, auf einmal selbst Verantwortung zu übernehmen. Aus psychologischer Sicht wird hier der sogenannte »Authority Bias« beschrieben – unsere Tendenz, den Aussagen von Autoritäten, wie beispielsweise disziplinarischen Vorgesetzten, mehr Bedeutung beizumessen, als es bei Gleichgestellten der Fall wäre. Abgeleitet wurde der Authority Bias, was so viel wie »autoritäre Beeinflussung« bedeutet, aus einem der berühmtesten Experimente der Psychologiegeschichte, dem erstmals 1961 durchgeführten Milgram-Experiment[38]. In diesem Experiment wurde die Bereitschaft von durchschnittlichen Personen getestet, autoritären Anweisungen zu folgen, die ihren Moralvorstellungen ganz offensichtlich diametral entgegenstehen. Den Probanden wurde die Rolle des Lehrers zugelost. Sie sollten Schülern Fragen stellen und diesen bei falscher Antwort an Intensität zunehmende Stromschläge verabreichen. Die Versuchspersonen wussten allerdings nicht, dass die Stromschläge gespielt und die Schüler ebenso wie der Versuchsleiter eingeweiht waren. Zögerten die Probanden bei der Vergabe eines Elektroschocks, wurden sie vom Versuchsleiter dazu aufgefordert weiterzumachen. Auch als die vermeintlichen Schüler vor Schmerzen schrien, folgte die Mehrheit der Versuchspersonen den Anweisungen der Autoritätsperson.

Überträgt man den Versuch in unsere heutige Arbeitswelt, so zeigt uns das Experiment von damals, dass bei Anwesenheit von Autoritäten die Intelligenz bei manchen Angestellten stark abfällt und der gesunde Menschenverstand in hierarchischen Unternehmen oft bereits an der Garderobe zusammen mit der Jacke abgegeben wird. Im Gegensatz zum Grundsatz »Argument schlägt Hierarchie« der Unternehmensberatung *zeb* ist immer noch zu beobachten, dass sinnvolle Argumente durch eine Basta-Mentalität im Sinne von »Das haben wir schon immer so gemacht« abgeriegelt werden. Vielen Führungskräften kann man diese Mentalität nicht übelnehmen, denn sie haben es ja auch nicht anders gelernt. Paul J. Kotes und Nadja Rosmann sagen:

> »Führungskräften, die es gewohnt sind, die Legitimation ihrer Rolle hauptsächlich aus einem Auftrag von oben beziehungsweise aus ihrer Position in-

38 Stanley Milgram: Behavioral study of obedience. Journal of Abnormal and Social Psychology, 1963, 371–378.

> nerhalb der Hierarchie abzuleiten, wird es aller Erfahrung nach schwerfallen, aus sich selbst heraus die in moderneren Kontexten notwendige Selbstlegitimation zu entwickeln.«[39]

Das bedeutet, dass es für Führungskräfte in modernen Unternehmen immer schwerer sein wird, ihre Position allein durch das strukturell vorgegebene Weisungssystem zu begründen. Führungskräfte müssen ihre Machtrolle vielmehr durch ihre Fähigkeiten und nachvollziehbare Argumente legitimieren, was die vorgegebene hierarchische Struktur ad absurdum führt, da moderne Organisationen sie nicht mehr benötigen und die Sinnlosigkeit damit bewiesen wird. Innerhalb hierarchischer Systeme benötigen Verantwortliche also neue Führungsqualifikationen, die man jedoch eigentlich einsparen könnte, da alle Beschäftigten sich selbst in Teams organisieren.

Viele Mitarbeitende trauen sich oftmals nicht, ihrer Führung zu widersprechen, da in klassisch-hierarchisch geführten Organisationen eben nicht das Argument, sondern die legitimierte Autorität als letzte Instanz gesehen wird und Beschäftigte im schlimmsten Fall schon schlechte Erfahrungen gesammelt haben oder negative Konsequenzen befürchten. Insbesondere in einer komplexen Umgebung kann es hoch problematisch sein, Meinungen und Aussagen einzelner Autoritätspersonen ungefiltert, also ohne sie zu hinterfragen, zu übernehmen. Im Laufe meiner beruflichen Laufbahn ist es häufig vorgekommen, dass Führungskräfte ihre persönliche Meinung über valide Kundenumfragen gestellt haben, was langfristig für das Unternehmen sehr gefährlich werden kann: einerseits, weil an bekannten Kundenbedürfnissen vorbeigearbeitet wird, und anderseits, weil kompetente Mitarbeitende in ihrem Tun keinen Sinn mehr sehen und frustriert kündigen.

Wie können wir dem Authority Bias also entgegenwirken? Selbstverständlich am effektivsten durch die stringente Reduktion hierarchischer Ebenen, begleitet von Persönlichkeitsentwicklung und Teamcoaching mit Fokus auf Selbstorganisation. Mitarbeitende werden dadurch ermutigt, selbst zu denken und eigenverantwortlich zu handeln.

Gibt es hierarchische Strukturen und kennen Mitarbeitende die Meinungen und Aussagen ihrer Führungskräfte, so schleicht sich der Authority Bias unbewusst in die

39 Paul J. Kohtes / Nadja Rosmann: Mit Achtsamkeit in Führung. Was Meditation für Unternehmen bringt. Klett-Cotta Verlag, 2014, S. 141.

Entscheidungsfindung mit ein. Warum sollte auch eine sinnvolle Entscheidung, die dem Unternehmen definitiv zugutekommt, getroffen werden, wenn sie im Nachgang durch die jeweilige Autorität willkürlich kassiert werden kann? Das Wissen um diesen Bias ist daher eine gute Hilfe, starre Strukturen aufzulockern. Zudem helfen die folgenden Punkte dabei, der Authority-Bias-Falle auszuweichen:

- Aufbau eines souveränen Teams, das Entscheidungen demokratisch im Team fällt (siehe Kapitel 6.3.1 »Fist to five«)
- Aussagen und Meinungen von Autoritätspersonen genauso kritisch oder unkritisch hinterfragen, wie es auch bei gleichgestellten Kolleginnen und Kollegen passiert
- Führungskraft gezielt darauf ansprechen, wenn die »Basta-Keule« rausgeholt wird
- Führungskraft sollte bei Entscheidungen, die auch andere Teammitglieder tangieren, Betroffene gleichberechtigt einbeziehen (siehe Kapitel 6.3.3 »Der konsultative Einzelentscheid«)
- Retrospektiven inklusive Führungskraft mit externem, professionellem Coaching durchführen (siehe Kapitel 6.2.1 »Retrospektiven«)
- coachende Begleitung von traditioneller hin zu einer lateralen Führung, dem sogenannten »Servant Leadership«, das im Gegensatz zu einer beherrschenden eine dienende Führung anbietet, die auf partnerschaftlichem Verhalten auf Augenhöhe basiert

Was macht eine Führungskraft, wenn sie weiß, dass sie bei einer Diskussion aufgrund von fehlenden Argumenten nicht weiterkommt, von ihrer Position aber nicht ablassen möchte? Das effektivste Kommunikationsmittel, das die Autorität schließlich wählen kann, ist Gewalt in Form von hierarchischen Durchgriffsrechten. Durch den Einsatz von unmittelbarer Gewalt kann die Führungskraft ihre Forderung mühelos durchsetzen, ohne in langwierige, zeitintensive Diskussionen einsteigen zu müssen. Es ist egal, wie sinnvoll Gegenargumente sind. Führende haben allein durch ihre strukturell verliehene Macht stets das entscheidende Ass im Ärmel. Und je öfter diese Karte ausgespielt wird, desto frustrierter werden Mitarbeitende, die ab einem bestimmten Zeitpunkt nicht mehr mitdenken, sondern Dienst nach Vorschrift tun. Alfred Adler, österreichischer Arzt, Psychotherapeut und Begründer der Individualpsychologie, hat schon früh den Eindruck gewonnenen, dass die menschliche Psyche eine dauernde Unterwerfung nicht verträgt.[40]

40 Alfred Adler: Heilen und Bildern, e-artnow Verlag, 2018, S. 84.

Macht wirkt oftmals wie eine Droge, wovon viele Führungskräfte immer mehr möchten, wenn sie diese einmal missbrauchen. Eine zu 100 Prozent gelebte Hierarchie muss daher irgendwann zwangsweise zu Fehlentscheidungen und frustrierten Mitarbeitenden führen. Gewaltausübung in der Kommunikation ist eine unreife Form zwischenmenschlicher Beziehungen. Eine gewalttätige Kommunikation ist nicht nur in Form von Beleidigungen, Mobbing oder falsch ausgeführtem Feedback zu sehen, sondern im beruflichen Kontext explizit auch in Form von vertikalen Beziehungen. Können Mitarbeitende Respekt vor einer Führungskraft haben, die unreif ihre Macht missbraucht, weil sie vielleicht gerade keine Lust oder Zeit für eine Diskussion hat? Ein respektvoller, kollegialer Umgang ist in Organisationen mit pyramidenartigen Strukturen nur schwer möglich.

Sollen Mitarbeitende selbstständig und eigenverantwortlich agieren können oder sollen sie zur Unselbstständigkeit erzogen werden und als Marionetten der Führungskraft tätig sein?

Vertrauen und Verantwortung !

Wenn man Vertrauen gibt, dann erwächst beim Gegenüber Verantwortung. Nachahmung und Gruppendruck regulieren das System besser, als es eine Hierarchie jemals könnte.[41]

Leider ist es in vielen Organisationen mit Hierarchie genau umgekehrt. Beschäftigte werden oftmals von oben herab wie unmündige Dienstleistende behandelt, die sich schließlich irgendwann genau so benehmen. Haben wir in Organisationen gelebte vertikale Beziehungsebenen, in denen Führungskräfte von Mitarbeitenden keine besonders guten Leistungen erwarten, kann es sein, dass diese Kolleginnen und Kollegen insbesondere aus dieser Erwartungshaltung heraus keine besonders guten Ergebnisse erzielen werden. Wir sprechen hier von dem Phänomen der »sich selbst erfüllenden Prophezeiung«.

> »The self-fulfilling prophecy is, in the beginning, a false definition of the situation evoking a new behavior which makes the originally false conception come true. The specious validity of the self-fulfilling prophecy perpetuates a reign of error. For the prophet will cite the actual course of events as proof that he was right from the very beginning.«[42]

42 Robert K. Merton: The self-fulfilling prophecy, in: The Antioch Review, Jg. 8, 1948, S. 195.

Die selbsterfüllende Prophezeiung ist also eine falsche Bestimmung der Situation, sie verursacht aber ein neues Verhalten, das bewirkt, dass die ursprünglich falsche Auffassung richtig wird. Die vordergründige Gültigkeit der selbsterfüllenden Prophezeiung führt eine Herrschaft des Irrtums fort. Denn der Prophet wird den tatsächlichen Gang der Dinge als Beweis dafür anführen, dass er von Anfang an recht hatte.

Sich selbst erfüllende Prophezeiungen sind deshalb destruktiv, weil es sich dabei häufig auch um negative Erwartungen handelt. Diese finden sich sehr oft in der Erziehung von Kindern oder auch in der Führung von Mitarbeitenden, sodass ein Teufelskreis in Gang gesetzt wird: Man erwartet keine besonderen Leistungen und es kommt exakt so.[43]

!

Falsche Annahmen sind destruktiv

Schlechte Führungskräfte können ihrem eigenen Unternehmen unbewusst einen großen Schaden zufügen, wenn sie falsche Annahmen gegenüber ihren unterstellten Kolleginnen und Kollegen treffen, die infolgedessen zur Wahrheit werden.

Gibt es in Unternehmen keine pyramidenartigen Strukturen und ist die letzte Instanz das Argument und nicht die Autorität, so fällt dieses Phänomen zwar nicht komplett weg, die negativen Auswirkungen können allerdings deutlich abgeschwächt werden. Schließlich konnten Forscher die »sich selbst erfüllende Prophezeiung« insbesondere dort gut beobachten, wo es vertikale Beziehungsebenen gibt, wie zum Beispiel in Schulen, Linienorganisationen oder in Eltern-Kind-Beziehungen.

Die Beschreibung von vertikalen und horizontalen Beziehungsebenen wurde bereits Anfang des 20. Jahrhundert durch die Individualpsychologie Alfred Adlers beschrieben. Es ist interessant zu betrachten, wie es aus psychologischer Sicht dazu kommt, dass Menschen nach Macht und Autorität streben. Adler konstatiert, dass sich jede auffällige Haltung eines Menschen bis zu einem Ursprung in der Kindheit verfolgen lässt.[44] In diesem Kontext sagt Adler:

43 https://arbeitsblaetter-news.stangl-taller.at/sich-selbst-erfuellende-prophezeiung/ (2020). Sich selbst erfüllende Prophezeiung beim Kontakt mit Menschen. Werner Stangls Arbeitsblätter-News (abgerufen am 08.04.2021).

44 Alfred Adler: Gesammelte Werke. Anaconda Verlag, 2020, S. 27.

»Je kleiner oder schwächer ein Kind sich in seiner Umgebung fühlt, desto stärker wird sein Zwang, seine Hast und Gier, an erster Stelle zu sein.«[45]

Er begründet das Verhalten mit Minderwertigkeitsgefühlen, die in der Kindheit durch die Abhängigkeit von anderen Menschen, insbesondere den Eltern, hervorgerufen werden. Als Gegenpol zu den Minderwertigkeitsgefühlen, die in neurotischen Ausprägungen zu Überlegenheits- und Machtstreben führen, sieht Adler das Gemeinschaftsgefühl, das unter anderem durch Freundschaft und Liebe geprägt wird.[46]

Laut Dr. Arthur Brühlmeier kann man theoretisch davon ausgehen, dass sich das Machtstreben umgekehrt proportional zum Gemeinschaftsgefühl verhält.[47] Er listet die komplementär zueinanderstehenden Charakterzüge, die den vertikalen und horizontalen Beziehungsebenen zugeordnet werden können, wie folgt auf:

Vertikale Beziehungsebene	Horizontale Beziehungsebene
Machtstreben	Liebensmöglichkeit
Minderwertigkeitsgefühl	Selbstwertgefühl
Geltungsstreben	Sachbezogenheit
Sicherungstendenz, Absicherung	Risikobereitschaft
Angst	Sicherheit
Selbstablehnung	Selbstannahme
Eigenliebe, Selbsthass	Selbstliebe
Verschlossenheit	Offenheit
Maske, Rolle	Echtheit
Misstrauen	Vertrauen
Zwanghaftigkeit	Freiheit
Heteronomie	Autonomie
entspricht der Modalität »Haben«	entspricht der Modalität »Sein«

45 Alfred Adler: Heilen und Bildern. e-artnow Verlag, 2018, S. 84.
46 Alfred Adler: Gesammelte Werke. Anaconda Verlag, 2020, S. 17–33.
47 http://www.bruehlmeier.info/adler.htm, Das Verhältnis zwischen vertikalem und horizontalem Streben, Dr. Arthur Brühlmeier (abgerufen am 24.05.2020).

Ein anderes Modell, das versucht, die verschiedenen Beziehungsebenen darzustellen, ist die Transaktionsanalyse, die als Erstes durch den Psychiater Dr. Eric Berne im Jahr 1964 beschrieben wurde.[48] Berne entwickelte die Transaktionsanalyse aus der Beobachtung zwischenmenschlicher Kommunikation heraus. Die sowohl verbalen als auch nonverbalen kommunikativen Vorgänge werden von ihm als »Transaktion« bezeichnet.

Innerhalb der Transaktionsanalyse beschreibt er drei Ich-Zustände, die die Persönlichkeit jedes Menschen ausmachen. Während die Fachterminologie von exteropsychischen, neopsychischen und archäopsychischen Ich-Zuständen spricht, bezeichnet Berne die Kategorien umgangssprachlich als »Eltern-Ich«, »Erwachsenen-Ich« und »Kindheits-Ich«. Charakterisiert werden die drei Ich-Kategorien wie folgt:

- Im »Eltern-Ich«-Zustand wird die Geisteshaltung der Eltern oder deren Stellvertreter eingenommen. Es wird genauso reagiert, wie die Eltern reagieren, die gleiche Haltung wird eingenommen und dasselbe Vokabular genutzt. Das Eltern-Ich korrigiert, bewertet und beurteilt das Verhalten anderer und weist Charakterzüge wie Bevormundung, Zurechtweisung und Bemutterung auf.[49]
- Im »Erwachsenen-Ich«-Zustand wird die Situation autonom und objektiv betrachtet. Darüber hinaus wird unvoreingenommen kommuniziert. Attribute wie Empathie, ein respektvoller Umgang und das Bemühen um eine faire Lösung für alle Beteiligten charakterisieren das Erwachsenen-Ich.
- Im »Kindheits-Ich«-Zustand wird die Geisteshaltung eingenommen, die schon als kleines Kind bevorzugt wurde. Der »Kindheits-Ich«-Zustand wird unter anderem durch Herumalbern, Trotz, Naivität, viel Fantasie oder durch Unsicherheit charakterisiert.

Alle drei Ich-Zustände haben laut Berne eine Daseinsberechtigung und einen legitimen Platz in einem erfüllten Leben. Stört ein Ich-Zustand allerdings das gesunde Gleichgewicht zwischen ihnen, ergibt sich die Chance zur Transaktionsanalyse und direkten Anpassung der Ich-Zustände.

Innerhalb der bilateralen Kommunikation zwischen zwei Ich-Zuständen kann es zur horizontalen oder zur vertikalen Transaktion kommen. Die einfachsten Transaktio-

48 Eric Berne: Spiele der Erwachsenen. Psychologie der menschlichen Beziehungen. Rowohlt Taschenbuch Verlag, 2010, S. 29–35.

49 Judith Andresen: Agiles Coachen. Carl Hanser, 2018, S. 224–225.

nen sind laut Berne diejenigen, die vom Erwachsenen-Ich der beteiligten Personen ausgehen.[50] Beispielsweise berichtet eine Teamleiterin einem unterstellten Kollegen sachlich und auf Augenhöhe, was in der letzten Geschäftsführungssitzung besprochen wurde. Der Kollege bedankt sich für die Informationen und verabschiedet sich freundlich. Ein anderes Beispiel wäre, wenn ein Vater seinen dreijährigen Sohn ins Auto trägt und ihn anschnallt. Hierbei handelt es sich um eine Transaktion zwischen Eltern-Ich und Kindheits-Ich. Diese Beispiele zeigen sogenannte »Komplementär-Transaktionen« – gesunde zwischenmenschliche Beziehungen, in denen die Reaktion auf vorangegangene Handlungen angemessen ist und von der Allgemeinheit erwartet wird.

Problematisch wird es in einer anderen beispielhaften Situation im Kontext von hierarchischen Strukturen, wie es in klassischen Linienorganisationen der Fall sein kann: Ein Angestellter geht zu seinem Chef und fragt im Erwachsenen-Ich-Zustand nach einem kurzfristigen Urlaubstag mit der Erwartung, eine Antwort auf der horizontalen Ebene im Erwachsenen-Ich-Zustand zu erhalten. Sein Vorgesetzter genehmigt ihm den Tag, jedoch nur unter der Voraussetzung, dass er heute noch zehn Kunden anruft, da er ja ansonsten die ganze Zeit mit dem Smartphone rumspiele. Der Chef fällt in das Eltern-Ich und erwartet, dass sich der Angestellte in den Kindheits-Ich-Zustand begibt. Berne spricht bei diesen unangemessenen Reaktionen von sogenannten »Überkreuz-Transaktionen« – sozialen Interaktionen, bei denen die Reaktion des Gegenübers nicht zu den Erwartungen des agierenden Kommunikationspartners passt. Damit es zu einer Lösung des Problems kommen kann, muss die Kommunikation entweder abgebrochen werden oder einer der beiden muss zurückstecken und auf die Erwartungen des anderen eingehen. In unserem Beispiel könnte die Lösung so aussehen, dass der Angestellte entweder die vertikale Rolle des trotzigen Kindes einnimmt – oder er versucht seinen Chef respektvoll mit objektiven Argumenten zu begegnen, um ihn von der Eltern- auf die horizontale Erwachsenen-Ich-Ebene herunterzuholen.

Aus Erfahrung möchte ich dazu anmerken, dass es für den Angestellten wahrscheinlich schwieriger wird, Autonomie und Objektivität zu bewahren und das Erwachsenen-Ich zu verteidigen, als aus seiner angestrebten Rolle ins Kindheits-Ich zu fallen. Denn:

50 Eric Berne: Spiele der Erwachsenen. Psychologie der menschlichen Beziehungen. Rowohlt Taschenbuch Verlag, 2010, S. 37–46.

»Behandle erwachsene Menschen wie kleine Kinder, und sie werden sich alsbald wie kleine Kinder benehmen.«

So schreibt Felix Frei in seinem Buch »Hierarchie – das Ende eines Erfolgsrezepts«.[51] Weiterhin stellt er fest, dass Hierarchie als formale personelle Unterstellung das Risiko in sich birgt, Menschen zu infantilisieren. Demnach ist maximale Verantwortung gepaart mit dem Bewusstsein dafür, Selbstständigkeit und Eigeninitiative in einem hierarchischen Umfeld nur schwer umzusetzen.

Hierarchie fördert nicht nur negative Verhaltensweisen von Mitarbeitenden. Viele Beschäftigte, genauso wie Vorstände und Geschäftsführende, wünschen sich einen Wertewandel, der den Menschen wieder in den Mittelpunkt des Geschehens stellt. Werden alle Mitarbeitenden mit ihren individuellen Bedürfnissen als gleichwertig betrachten, verlieren vertikale Machtstrukturen ihre Daseinsberechtigung.

4.2 Wertewandel bei Mitarbeitenden

Welche Gründe sprechen außerdem für den Abbau von klassisch-hierarchischen Strukturen und die Einführung flexibler Strukturen? Dieser Frage geht die *Süddeutsche Zeitung* in dem Onlineartikel »Ist Arbeiten ohne Hierarchie das Modell der Zukunft?« nach.[52] Darin nennt die Expertin Prof. Michaela Moser, Autorin des Buches »Hierarchielos führen«, unter anderem den Wertewandel bei den Mitarbeitenden, die sich von ihrer Führungskraft nichts mehr vorschreiben lassen möchten. Einer der vielschichtigen Gründe für die Emanzipation der abhängig Beschäftigten ist der erhebliche Fachkräftemangel in Deutschland. Im DIHK-Report »Fachkräfte 2020« beklagt knapp die Hälfte der befragten Unternehmen, dass sie Schwierigkeiten bei den Stellenbesetzungen haben.[53] Viele, insbesondere junge Bewerberinnen und Bewerber der Generation Y wissen von ihrer Stellung und fordern mehr Selbstbestimmung, eine bessere Work-Life-Balance und vor allen Dingen mehr Zeit. So beschreibt der Stern in seinem Artikel »Geld und Karriere? Wir wollen mehr Zeit!« die Bedingungen der Millennials wie folgt:

---

51 Felix Frei: Hierarchie. Das Ende eines Erfolgsrezepts. Pabst Science Publisher, 2016, S. 18.

52 https://www.sueddeutsche.de/karriere/arbeit-ist-arbeiten-ohne-hierarchie-das-modell-der-zukunft-dpa.urn-newsml-dpa-com-20090101-180827-99-703418 (abgerufen am 08.04.2021).

53 https://www.dihk.de/resource/blob/17812/f1dc195354b02c9dab098fee4fbc137a/dihk-report-fachkraefte-2020-data.pdf (abgerufen am 18.05.2020).

> »Arbeit darf nicht zum Lebensinhalt werden. Arbeit soll sinnvoll sein und Spaß machen. Flache Hierarchien, nachvollziehbare und hinterfragbare Entscheidungen.«[54]

Professor Johann Kranz erforscht das Thema Agilität an der Ludwig-Maximilians-Universität München und sagt im Bezug zum Wertewandel:

> »Mit den hierarchischen Strukturen von gestern kriegt man heute doch keine guten Leute mehr. Ich sehe das an meinen Absolventen: Von denen ist niemand mehr bereit, jahrelang im Hamsterrad zu rotieren, bevor er irgendwann mal Verantwortung übernehmen darf.«[55]

Wenn wir uns den Wertewandel einmal genauer anschauen wollen, dann müssen wir ins Jahr 2001 zurückgehen. 17 Softwareentwickler waren von den alten Strukturen so genervt, dass sie als Essenz ihrer Frustration im Februar 2001 das »Agile Manifest« verfasst und gemeinsam unterschrieben haben. Vier Leitsätze sollten fortan das Fundament der agilen Softwareentwicklung bilden:

1. **Individuen und Interaktionen** stehen über Prozessen und Werkzeugen.
2. **Funktionierende Software** steht über einer umfassenden Dokumentation.
3. **Zusammenarbeit mit dem Kunden** steht über der Vertragsverhandlung.
4. **Reagieren auf Veränderung** steht über dem Befolgen eines Plans.[56]

Zudem sind im agilen Manifest zwölf Prinzipien aufgelistet, die auch als agile Methoden bekannt sind:

1. persönliche und direkte Kommunikation
2. Selbstorganisation
3. Qualität
4. Einfachheit
5. crossfunktionale Teams
6. Kundenzufriedenheit

54 https://www.stern.de/neon/generation-y--wir-wollen-nicht-geld-und-karriere--wir-wollen-zeit--7562658.html (abgerufen am 18.05.2020).

55 https://www.brandeins.de/magazine/brand-eins-wirtschaftsmagazin/2018/lebensmittel/ing-diba-eine-bank-auf-speed, Artikel »ING-Diba – Eine Bank auf Speed«, Text: Harald Willenbrok, (abgerufen am 29.08.2018).

56 http://agilemanifesto.org/iso/de/manifesto.html (abgerufen am 29.08.2020).

7. Unterstützung und Vertrauen
8. technische Exzellenz
9. nachhaltige Geschwindigkeit
10. Überprüfung und Anpassung
11. häufige Auslieferung
12. Willkommenheißen von Veränderungen[57]

! **Agiles Manifest gilt branchenübergreifend**

Das agile Manifest lässt sich nicht nur auf die Softwareentwicklung anwenden, sondern für jede Branche und nahezu jedes Team, das erfolgreich zusammenarbeiten möchte.

Da die universellen Prinzipien des agilen Manifests im Hinblick auf den Wertewandel als sehr wesentlich erscheinen, möchte ich diese Werte in eigenen Worten wie folgt interpretieren:

> **Neue Werte**
>
> Der Kunde steht immer im Mittelpunkt unserer Bemühungen. Wir organisieren uns in hierarchiefreien, interdisziplinären Teams und Projektgruppen, um für den Kunden das bestmögliche Produkt oder die bestmögliche Dienstleistung anbieten zu können. Fehler, die durch kontinuierliches Experimentieren selbstverständlich passieren, sind ausdrücklich erwünscht. Neue Dienstleistungen und Produkte entwickeln wir iterativ und inkrementell. Wir halten tägliche und wöchentliche Meetings ab, um für die größtmögliche Transparenz zu sorgen. Zudem stellen wir für alle Mitarbeitenden jede wesentliche Information zur Verfügung, denn Informationen sind für uns das Schmiermittel im Motor der Organisation. Dafür nutzen wir moderne und ausgereifte Technologien, denn wir bleiben stets »state oft the art«. Wir treffen uns regelmäßig persönlich, da der zwischenmenschliche Austausch für uns sehr wichtig ist. Insbesondere dann, wenn wir unser gemeinsames Tun in regelmäßigen Retrospektiven[58] reflektieren, um kontinuierlich zu lernen und die gemeinsame Zusammenarbeit zu verbessern.

57 http://www.agilemanifesto.org/iso/de/principles.html (abgerufen am 07.01.2021), https://ueberwegs.de/agilitaet-forme-das-werkzeug-damit-es-dich-formt/ (abgerufen am 06.02.2021).

58 Siehe Kapitel 6.2.1 Retrospektive.

Auch die Vorreiter in Sachen Agilität, New Work und allgemein einer stimmigeren Zusammenarbeit haben sich selbst gewisse Werte und Prinzipien vorgeschrieben. Beispielhaft soll hier der Wertekatalog von *Google* und die 14 Leadership Principles von *Amazon* aufgezeigt werden, die das Bedürfnis von vielen Mitarbeitenden nach einem Wertewandel stringent in den Mittelpunkt ihrer Bemühungen stellen:

Wertekatalog von *Google*[59]:

- Der Nutzer steht an erster Stelle, alles Weitere folgt von selbst.
- Es ist am besten, eine Sache richtig gut zu machen.
- Schnell ist besser als langsam.
- Demokratie im Internet funktioniert.
- Man sitzt nicht immer am Schreibtisch, wenn man eine Antwort benötigt.
- Geld verdienen, ohne jemanden damit zu schaden.
- Irgendwo gibt es immer noch mehr Informationen.
- Informationen werden über Grenzen hinweg benötigt.
- Seriös zu sein, ohne einen Anzug zu tragen.
- Gut ist nicht gut genug.

Die 14 Leadership Principles von *Amazon*[60]:

1. 100% kundenorientiert
2. Verantwortung übernehmen
3. Erfinden und vereinfachen
4. Die richtige Entscheidung treffen
5. Neugierig bleiben und nie aufhören zu lernen
6. Die besten Mitarbeiter einstellen und entwickeln
7. Immer höchste Maßstäbe anlegen
8. In großen Dimensionen denken
9. Aktiv handeln
10. Gezielter Einsatz von Ressourcen (Frugality)
11. Vertrauen aufbauen und verdienen
12. Dingen auf den Grund gehen
13. Rückgrat zeigen, eigene Meinungen vertreten und getroffene Entscheidungen mittragen
14. Ergebnisse liefern

59 Dr. Michael Lewrick: Design Thinking. Radikale Innovation in einer digitalen Welt. Verlag C. H. Beck, 2018, S. 34.
60 https://www.amazon.jobs/de/principles (abgerufen am 11.06.2020).

Doch nicht nur der Wertewandel zwingt Organisationen zu mehr Agilität. Es ist auch die digitale Revolution, die immer mehr Unternehmen zu schaffen macht.

4.3 Komplexität durch Digitalisierung

Die Digitalisierung hat unser Leben bereits dramatisch verändert. Für viele Menschen gibt es vor der morgendlichen Toilette nur ein dringenderes Bedürfnis: das Smartphone checken. Wie sind die Börsenkurse? Welchen Tweet hat der US-amerikanische Präsident abgesetzt? Wie viele »Likes« oder »Herzen« habe ich in den sozialen Medien erhalten? Das Internet ermöglicht weltweit allen Menschen, sich noch enger miteinander zu vernetzen und in den Austausch zu gehen. Und das nicht mehr »from nine to five«, sondern immer und überall: entweder mit dem Smartphone in der Südsee auf der Segelyacht oder nachts um halb eins in Wanne-Eickel auf dem gemütlichen Sofa. Die analoge Welt hat den letzten Kampf um die Vorherrschaft schon längst verloren. Die Waffe hieß Covid-19 – Codename »Remote«, der oft als Synonym für mobiles Arbeiten beispielsweise im Homeoffice genutzt wird. Menschen arbeiten in Scharen von zu Hause aus und nutzen kollaborative Kommunikationstools wie zum Beispiel *Microsoft Teams* oder *Zoom* für die Videokonferenzen. Für die firmeneigene Wikipedia wird *Confluence* eingeführt und die (agile) Projektarbeit wird mit *Jira* oder *Trello* durchgeführt. Unzählige weitere Applikationen runden das Gesamtbild ab, um »Mobile Working« insbesondere für den Bereich der Wissensarbeit zu ermöglichen. Die klassischen Büros bringen schon heute keinen signifikanten wirtschaftlichen Nutzen mehr. Viele Unternehmen wie *Twitter* entscheiden sich schließlich dafür, Mitarbeitende auch ohne Krise und Kontaktbeschränkungen im Homeoffice arbeiten zu lassen.[61] Wer heutzutage noch feste Büros für jeden einzelnen Mitarbeiter und jede einzelne Mitarbeiterin finden möchte, muss intensiv suchen. Bei *Microsoft* ticken die Uhren schon längst anders. In der Deutschlandzentrale in München gibt es beispielsweise keine festen Arbeitsplätze mehr.[62] Es wird auch nicht erwartet, dass alle Mitarbeitenden täglich ins Büro kommen.

---

61 https://www.tagesschau.de/wirtschaft/twitter-homeoffice-101.html (abgerufen am 16.05.2020).

62 Christiane Brandes-Visbeck und Ines Gensinger: Netzwerk schlägt Hierarchie. Neue Führung mit Digital Leadership. Redline Verlag, 2017, S. 24.

Vertrauen in Mitarbeitende

!

Es wird auf Vertrauen gesetzt und die Sichtweise, dass Einzelne schon selbst wissen, wie, wann und wo sie am produktivsten arbeiten können.

Auch hier würden hierarchische Strukturen, die in der Vergangenheit gerne auf Kontrolle gesetzt haben, den digitalen Wandel eher behindern. Dass mobiles Arbeiten Milliarden spart, weiß man nicht nur in München, sondern auch in Wien, wo *Microsoft* das System »Arbeite, wo du willst« eingeführt hat.[63] Hier hat man erkannt, dass Wissensarbeit nicht kontrolliert werden kann. Ganz im Gegenteil, ohne Vertrauen geht es nicht. Schaut die Mitarbeiterin zehn Minuten aus dem Fenster, macht sie dann Pause oder grübelt sie über ein wichtiges innerbetriebliches Problem nach? Wo und wann sind Mitarbeitende am kreativsten? Diese Fragen kann nur ein einziger Mensch beantwortet – und das ist nicht die Führungskraft.

Nicht nur Mitarbeitende werden durch flexiblere Arbeitsstrukturen im Hinblick auf Zeit und Ort profitieren. Die technische Voraussetzung für New Work ist nach Brandes-Visbeck und Gensinger die neue Form der Zusammenarbeit; Mitarbeitende werden unabhängig von Status und Hierarchie mit Laptops, Tablets oder Smartphones ausgestattet, damit sie weltweit von jedem Standort aus kommunizieren und arbeiten können. Und das ganze ohne Stechuhr, da die digitalen Nomaden unter den Wissensarbeitern es vorziehen, nicht am stationären Bürocomputer zu sitzen und akribisch ihre Arbeitszeit zu erfassen.[64] Das bedeutet für evolutionäre Unternehmen die Einführung von Vertrauensarbeitszeit, denn ohne Vertrauen geht es nicht. Wie schon gesagt: Gedanken lassen sich ohnehin nicht kontrollieren und das ist auch gut so.

Wenn es aber eine Gruppe gibt, die nach der digitalen Revolution als Gewinner hervortreten wird, dann sind das die Kunden. Aufgrund der digitalen Vernetzung – Stichwort »immer und überall« – werden Produkte und Dienstleistungen von Kunden getestet, bewertet und schließlich kommentiert. Die Ergebnisse werden in zahlreichen sozialen Netzwerken geteilt und wiederum kommentiert. Viele gute oder schlechte Bewertungen gehen in der Folge viral und können von einem Tag auf den

63 Boris Gloger und Dieter Rösner: Selbstorganisation braucht Führung, Carl Hanser Verlag München, 2017, S. 14–15.

64 Christiane Brandes-Visbeck und Ines Gensinger: Netzwerk schlägt Hierarchie. Neue Führung mit Digital Leadership. Redline Verlag, 2017, S. 64–65.

anderen große wie kleine Unternehmen stark unter Druck setzen. Eine Anonymität der Dienstleistungen und Produkte ist daher nicht mehr gewährleistet. Selbst Mitarbeitende und Lieferanten schließen sich dieser Möglichkeit an und spielen ihre neu gewonnene Macht geschickt aus. Infolgedessen stellen insbesondere agile Unternehmen ihre Kunden mit deren Bedürfnissen und Wünschen immer stärker in den Fokus ihrer Bemühungen.

! **Kunden im Fokus**

Agil heißt, dass Unternehmen schnell und flexibel auf veränderte Kundenanforderungen reagieren können.

Eine klassisch-hierarchisch geführte Organisation kann es sich in Zeiten von schnellen, disruptiven Veränderungen und immer kürzeren Produktionszyklen heute oder spätestens morgen nicht mehr leisten, alte Produkte weiterzuentwickeln, die schon längst durch innovativere Alternativen abgelöst wurden. Seinerzeit hat es beispielsweise fast 50 Jahre gedauert, bis 25 Prozent der US-Amerikaner eine Glühbirne besaßen. Heute braucht es nicht einmal mehr fünf Jahre, bis die gleiche Anzahl der US-Amerikaner ein Smartphone besitzt. Im Zeitalter der Digitalisierung werden daher innovative Ideen schneller als zuvor alte und bestehende Produkte und Dienstleistungen ersetzen. Kunden wollen zum Beispiel keine Bank mit zahlreichen Filialen – Kunden wollen Finanzdienstleistungen in Anspruch nehmen. Und zwar »immer und überall«.

Evolutionäre Organisationen denken Produkte und Prozesse daher oftmals komplett neu und stellen bestehende Produkte infrage.[65] Braucht es im Zeitalter von null Prozent Zinsen noch physische Sparbücher? Möchten Kunden ein komplettes Finanzkonzept durcharbeiten müssen, wenn sie lediglich mit einem kurzen Anliegen in die Bankfiliale gehen? Die Herausforderung von Unternehmen wie Banken ist also, einen »echten« Kundennutzen zu schaffen, um damit nachhaltig Geld zu verdienen.

Viele Unternehmen scheitern jedoch, weil sie versuchen, auf neue Fragestellungen alte Antworten zu geben. Sie stellen damit ihre eigenen Wünsche und Bedürfnisse in den Mittelpunkt, anstatt den Kunden in den Fokus zu stellen. Ein fataler Fehler,

65 Judith Andresen: Agiles Coaching. Die neue Art, Teams zum Erfolg zu führen. Carl Hanser Verlag, 2018, S. 3.

der schon morgen den Konkurs bedeuten kann. Die Produktentwicklung von produzierenden Unternehmen und Dienstleistern ist heutzutage im Vergleich zu früher in vielen Fällen nicht mehr nur kompliziert – aufgrund der hohen Dynamik im Markt ist die Entwicklung von Produkten vielfach hoch komplex. Weiß die Produktentwicklung von vornherein, wie das Produkt am Ende aussehen soll, und es gibt nur wenige, recht übersichtliche Wege dorthin? Wenn ja, dann befindet sie sich in einer einfachen oder komplizierten Umgebung. Muss die Produktentwicklung immer wieder laufende Anpassungen vornehmen? Gibt es viele verschiedene Wege zum Ziel, die auf den ersten Blick nicht erkennbar sind? Dann befindet sie sich in einer komplexen oder chaotischen Welt. »Dynamisch« heißt in diesem Kontext, dass sich während der Produktentwicklung Kundenwünsche ändern. Diese fordern oftmals wiederum andere Zuständigkeiten ein, die wiederum neue Prozesse erfordern und so weiter.

Agile Produktentwicklung !

Die agile Entwicklung von innovativen Ideen und Produkten erfolgt iterativ in interdisziplinären und selbstorganisierten Teams, im engen Austausch mit projektbezogenen Stakeholdern.

Klassisch-hierarchische Führungsmodelle werden im Gegensatz zu selbstorganisierten Teams aufgrund ihrer starren Strukturen, des Personenrisikos (Stillstand durch längere Abwesenheit von Entscheidenden) und frustrierter Leistungsträger sukzessive kannibalisiert. Befindet sich ein klassisches Unternehmen in einer komplexen Umgebung, kann es aufgrund fehlender oder falscher Kommunikation zu unzufriedenen Mitarbeitenden, nicht funktionierenden Prozessen und langen Time-to-Market-Zeiten kommen.

Judith Andresen, Coach und Organisationsentwicklerin, die Teams und Unternehmen bei der Einführung agilen Arbeitens, agilen Denkens und Führens unterstützt, definiert Agilität wie folgt:

> »Ein agiles Arbeitsumfeld zeichnet sich durch eine echte Lernkultur aus, durch Lernfreude und sehr gezieltes, schrittweises Vorgehen.«[66]

Demnach ist der neue agile Ansatz nicht mehr, dass die Führungskraft Entscheidungen trifft und den Mitarbeitenden etwas beibringt – stattdessen müssen Teams und

66 http://www.handelsblatt.com (abgerufen am 29.08.2018).

damit komplette Organisationen selbstständig und regelmäßig ins gemeinsame Lernen kommen, insbesondere wenn komplexe Herausforderungen auf dem Plan stehen. Aus meiner Sicht ist die wichtigste Methode, um als Team in die Reflexion und somit ins Lernen zu kommen, die Retrospektive (siehe Kapitel 6.2.1).

Neben der Digitalisierung werden auch multigrafische Lebensläufe immer mehr zum Supertrend im 21. Jahrhundert.

4.4 Wunsch nach flexibleren Strukturen

Der Trend zu mehr Flexibilität ist mittlerweile auf allen Ebenen zu entdecken. Insbesondere in den Lebensläufen macht sich dieser Trend bemerkbar, der einen enormen Einfluss auf derzeitige und zukünftige Formen der Zusammenarbeit hat: Der neuer Supertrend »Multigrafie« macht alte lineare Lebensläufe zu Auslaufmodellen und die Arbeitswelt von morgen dynamischer. Wo wir früher nach der Ausbildung 45 Jahre gearbeitet haben, um dann mit 64 Jahren in Rente zu gehen, wird heute nach dem Studium ein Start-up gegründet, um es mit 30 wieder zu verkaufen, um dann eine Weltreise zu unternehmen, zwei bis sechs weitere Jobs anzunehmen, eine Familie zu gründen, sich scheiden zu lassen, dann als Freelancer zu arbeiten, mit 50 noch mal zu studieren und dann das Rentnerdasein mit 58 Jahren im Kreise einer Patchwork-Familie auf dem Golf- oder Tennisplatz zu verbringen.

Nicht nur von der Generation Y werden flexiblere Strukturen gefordert. Das Phänomen Multigrafie ist generationenübergreifend zu finden. Als ich circa sieben Jahre alt war, meinte mein Cousin zu mir: »Andreas, man lebt nur einmal.« Das hat auch mein Leben insofern geprägt, dass ich es in vollen Zügen genießen und vieles neugierig ausprobieren möchte. Genauso wie das Leben von Menschen immer flexibler wird, müssen sich Unternehmen an das Bedürfnis nach mehr Flexibilität anpassen, um auch morgen noch Mitarbeitende gewinnen zu können, die sich ihr Wunschunternehmen aussuchen können. Hierarchische Strukturen, als Abwehrmechanismen gegen Individualität und Flexibilität, stehen dem Bedürfnis nach adaptiven Modellen der Zusammenarbeit allerdings diamental entgegen.

Menschen haben immer individuellere Bedürfnisse und wünschen sich auch im beruflichen Kontext eine sinnvollere und stimmigere Arbeitsweise. Brandes-Visbek und Gensinger konstatieren:

> »Nicht nur bei den Mitarbeitern der Generation Y steht die Sinnfrage im Vordergrund, auch bei allen anderen Generationen.«[67]

Und was für einzelne Mitarbeitende individuell Sinn ergibt, weiß nicht die Organisation oder die Führungskraft am besten. Viele Beschäftigte – über alle Generationen hinweg – wünschen sich beispielsweise eine Tätigkeit, die nicht auf das Unternehmen, sondern auf die Kundschaft fokussiert ist. Eine Tätigkeit, die Menschen täglich immer wieder aufs Neue fordert und erfüllt. Eine Tätigkeit, bei der sie selbstorganisiert und selbstbestimmt agieren können. Bei der sie ihre Tätigkeiten, die Arbeitszeit, den Arbeitsort und viele andere Faktoren flexibel an ihre jeweilige Lebenssituation anpassen können. Eine Tätigkeit, bei der sie das tiefe Wissen haben, von der Gesellschaft gebraucht zu werden.

Allerdings hindern starre Strukturen Menschen daran, sich individuell nach ihren Bedürfnissen auszurichten. Dieser Umstand kann schnell dazu führen, dass der Fokus nicht mehr auf wertschaffende Tätigkeiten, sondern auf individuelle Probleme gerichtet wird, die es zu lösen gilt. Nicht selten entsteht dann ein wirtschaftlicher Schaden für Unternehmen, wenn sich Beschäftigte zum größten Teil mit sich selbst beschäftigen.

Können sich Strukturen schnell und flexibel an individuelle Gegebenheiten anpassen, gibt es weniger Reibungsverluste und die Zufriedenheit von Mitarbeitenden kann sich auf einem hohen Level einpendeln. Allein das Wissen darum, die Arbeitszeit individuell anpassen, von zu Hause aus arbeiten oder in der Organisation eigene Pilotprojekte durchführen zu können, macht das Unternehmen für Beschäftigte zu einem attraktiven Arbeitgeber, der sich dynamisch an eine sich stetig verändernde Welt anpassen kann. Eine klassische Win-win-Situation. Denn aufgrund von Multigrafie und flexibleren Arbeitnehmenden hat nun auch die Organisation eine höhere Planungssicherheit. Bei einer langfristigen Arbeitszeitverkürzung, Elternzeit oder bei unbezahltem Urlaub von Beschäftigten kann die Organisation schnell und flexibel auch temporär adäquaten Ersatz finden. Selbstorganisierte Teams managen diese Flexibilität, indem sie selbst bevorzugt in der eigenen Organisation nach Ersatz suchen oder externe Hilfe anfordern, um individuelle Wünsche schnell und flexibel

67 Christiane Brandes-Visbeck und Ines Gensinger: Netzwerk schlägt Hierarchie. Neue Führung mit Digital Leadership. Redline Verlag, 2017, S. 71.

zu ermöglichen. Eine individuelle und bedarfsgerechte Zusammenarbeit stiftet nicht nur für Kunden Sinn, sondern auch für Mitarbeitende und letztlich für die gesamte Organisation.

Sinnvollen Tätigkeiten können wir allerdings nur dann nachgehen, wenn Unternehmen erfolgreich wirtschaften und langfristig Gewinne generieren. Daher ist die Frage gerechtfertigt, ob klassisch-hierarchisch geführte Organisationen erfolgreicher sind als agil-selbstorganisierte Unternehmen.

4.5 Höhere Wachstumsraten durch Agilität

Unternehmen sind langfristig auf Gewinne angewiesen, um nachhaltig am Markt bestehen zu können. »Stillstand ist Rückschritt«, sagte einmal Rudolf von Bennigsen-Foerder, ein liberaler deutscher Politiker im 19. Jahrhundert. Doch wie sieht es mit agilen Unternehmen aus?

Die Studie »Boosting Performance Through Organization Design« von *The Boston Consulting Group* beantwortet die Frage mit erstaunlichen Erkenntnissen.

> »Agile companies are up to five times more likely than their peers to become top performers.«[68]

Organisationen mit eher starren Strukturen gehören laut der Studie zu den Nachzüglern. Demnach sind nur 18 Prozent von ihnen wirtschaftlich erfolgreicher als ihre Konkurrenz. Darüber hinaus zeichnen sich agile Unternehmen mit mehr als 40 Prozent aller Organisationen durch überdurchschnittliche Ergebnisse aus. Lediglich 24 Prozent der agilen Unternehmen schneiden schlechter ab als der Durchschnitt.[69]

»Agilität ist der Schlüssel zum Erfolg in stürmischen Zeiten.«

68 https://www.bcg.com/publications/2017/people-boosting-performance-through-organization-design (abgerufen am 08.04.2021).

69 https://www.bcg.com/publications/2017/people-boosting-performance-through-organization-design.aspx (abgerufen am 18.05.2020).

Von dieser Aussage ist die Unternehmensberatung *zeb* überzeugt.[70] Die im Jahr 2020 von der Unternehmensberatung durchgeführte European Banking Study hat dokumentiert, dass die führenden Banken im Bereich Agilität ihr operatives Ergebnis zwischen 2013 und 2018 um durchschnittlich fünf Prozent steigern konnten. Weniger agile Banken mussten dagegen einen Rückgang von rund zehn Prozent verzeichnen.

Die Untersuchungen haben gezeigt, dass insbesondere agile Organisationen die mannigfaltigen neuen digitalen Technologien nutzen und davon nachhaltig profitieren. So geht Agilität einher mit Effizienz und Fortschritt, was in der Folge Wettbewerbsvorteile gegenüber tradierten, analogen Unternehmen mit sich bringt.

Doch sind höhere Wachstumsraten das oberste Ziel moderner und nachhaltiger Unternehmungen? Ist es nicht eine Illusion, dass immer mehr Besitz, die grenzenlose Ansammlung von Reichtümern und die Flucht ins Materielle langfristig glücklich machen? Frédéric Laloux hat dazu folgende Ansicht:

> »Wenn Wachstum und Gewinne das einzige sind, was zählt, und das Leben nur dann erfolgreich ist, wenn man die Spitze erreicht, dann werden wir früher oder später ein Gefühl der inneren Leere in unserem Leben erfahren.«[71]

Nicht nur Laloux hat erkannt, dass eine Wirtschaft, die auf künstlich geschaffenen Bedürfnissen basiert, aus finanzieller und ökologischer Sicht nicht nachhaltig ist. Mit immer undurchsichtigeren Maßnahmen analysieren Unternehmen die Bedürfnisse ihrer Kunden und User, um immer weitere Bedürfnisse zu wecken, die vermeintlich schon immer in uns geschlummert haben.

Die Dokumentation »Das Dilemma mit den sozialen Medien« aus dem Jahr 2020 zeigt deutlich, wie durch beispielsweise Data Mining[72] immer neue Trends identifiziert werden können, die dann unter anderem an Unternehmen verkauft werden, die darin eine Marktchance sehen. Menschliche Schwächen werden immer perfider ausgenutzt, um Nutzerinnen und Nutzer mit dem Ziel zu manipulieren, immer öfter

70 *zeb*: Agilität – Das größte Missverständnis unserer Zeit. https://bankinghub.de/innovation-digital/studie-agilitaet-bei-banken (abgerufen am 05.11.2020).

71 Frédéric Laloux: Reinventing Organizations. Vahlen, 2015, S. 29.

72 Systematische Anwendung statistischer Methoden auf große Datenbestände mit dem Ziel, neue Querverbindungen und Trends zu erkennen.

auf ihr Smartphone zu schauen. Und das zeigt mittlerweile nicht nur die Uhrzeit an, sondern beschallt uns gnadenlos mit vermeintlich wichtigen News und Werbung.

Moderne, nachhaltige Organisationen versuchen allerdings nicht ihren Gewinn zu maximieren, sondern den Kundennutzen. Der kleine, aber aus meiner Sicht entscheidende Unterschied ist die Reihenfolge im Wertesystem der Unternehmungen. Dadurch, dass nicht an erster Stelle die Gewinnmaximierung, sondern die Nutzenmaximierung steht, kommt der Gewinn am Ende von ganz allein. Der Weg ist das Ziel. Wer nur gierig dem Geld hinterherläuft, verliert den Sinn des ganzen Unterfangens. Die Wertschätzung gegenüber dem Kunden darf also nicht nur vorgespielt sein, sondern muss gelebt werden.

Während traditionelle Unternehmen im obersten Stockwerk ihres Wolkenkratzers alte Gerichte immer wieder neu aufwärmen und ihren Kunden als scheinbare Appetithäppchen servieren möchten, spannen agile Netzwerkorganisationen die gesamte Belegschaft mit ein, um innovative Genussexplosionen zu kreieren. Dazu werden in evolutionären Unternehmen selbstorganisierte Teams gebildet, die in ihrer Entwicklung nicht gehindert werden. Ganz im Gegenteil. Selbstorganisierte Teams nutzen Workhacks, um ihre Zusammenarbeit und damit ihren Erfolg sukzessive zu erhöhen. In eigens geschaffenen Laboren wird gemeinsam mit der Kundschaft experimentiert, gelernt und Innovationskraft auf ein höheres Level gehievt. Doch wie sieht eine mögliche Architektur selbstorganisierter Teams aus? Welche Fallstricke könnten sich ergeben und wie können diese ohne Führungskraft gelöst werden?

5 Architektur selbstorganisierter Teams

Die Architektur selbstorganisierter Teams ist im Grundsatz auf soziokratischen Werten aufgebaut:

- Selbstorganisation und Selbstverantwortung
- Fairness, gerechter Ausgleich im Geben und Nehmen
- Gleichwertigkeit aller Beteiligten
- Empowerment und Entwicklung
- partnerschaftlicher Umgang
- Transparenz
- Effizienz, Effektivität und Pragmatismus[73]

Aufgrund gesellschaftsrechtlicher Anforderungen wird es in Organisationen wie Personen- und Kapitalgesellschaften sowie Genossenschaften, Vereinen und Stiftungen allerdings immer eine gewisse Form der formellen Hierarchie geben. Die formelle Hierarchie kann allerdings durch entsprechende gemeinsame Vereinbarungen zwischen allen Mitarbeitenden angepasst werden. Unternehmen können sich beispielsweise subsidiär organisieren, indem sie zwar durch die Geschäftsleitung vertreten werden, Teams und Individuen sich aber grundsätzlich selbst organisieren. Dabei beruht Subsidiarität auf dem Prinzip, das auf die Entfaltung der individuellen Fähigkeiten, der Selbstbestimmung und Selbstverantwortung abstellt.[74] Demnach können ausschließlich dort, wo die Möglichkeiten und Kompetenzen von Teams und Individuen nicht ausreichen, um Aufgaben zu lösen, übergeordnete Instanzen subsidiär eingreifen.

Hinweis !

Auch wenn Prozesse der Selbstorganisation generell immer in einer hierarchischen Ordnung münden können[75], wird im Folgenden eine Teamarchitektur beschrieben, die sich im Kern selbst steuert und in der niemand jemand anderem gegenüber weisungsbefugt ist.

73 Christian Rüther: Soziokratie, S3, Holakratie, Frédéric Laloux' »Reinventing Organizations« und »New Work«. Ein Überblick über die gängigsten Ansätze zur Selbstorganisation und Partizipation. Books on Demand, 2018, S. 20.

74 https://wirtschaftslexikon.gabler.de/definition/subsidiaritaet-44920 (abgerufen am 07.01.2021).

Von Georg Schreyögg werden vier Kernelemente innerhalb der lateralen Netzwerkorganisation genannt, die als tragendes Gerüst angesehen werden und die Architektur von selbstorganisierten Teams untermauern:

1. Empowerment
2. horizontale Kooperation
3. vernetzte Projektgruppen
4. modulare Organisation / lose Koppelung[76]

Empowerment beschreibt den Prozess hin zu mehr Autonomie und Selbstverantwortung. Hier ist im Besonderen die Personalabteilung gefragt, qualitative Personalentwicklungsmaßnahmen zur Verfügung zu stellen, die Teams und Individuen dazu ermächtigen, sich selbst zu organisieren. Auf die Fähigkeiten und Fertigkeiten, die besonders in das Anforderungsprofil gehören, wird später noch im Detail eingegangen.

Horizontale Kooperationen entstehen dann, wenn selbstorganisierte Teams eigenständig in Kooperation mit anderen Teams, Bereichen oder Unternehmungen treten, um Aufgaben zu lösen, die nur abteilungsübergreifend oder crossfunktional zu lösen sind.

Darüber hinaus gibt es im Kontext der selbstorganisierten Teams **vernetzte Projektgruppen**. Diese gelten immer temporär und gründen sich je nach Aufgabenstellung für eine bestimmte Zeit. Nach dem Projekt lösen sich die Projektgruppen wieder auf.

Die **modulare Organisation** besteht aus einem Netzwerk autonomer Subeinheiten. Während es in traditionellen Organisationen mit starren »Linien- Organigrammen« enge Koppelungen zwischen den Abteilungen und Stellen gibt, versucht die modulare Organisation, lose Koppelungen anzustreben, in denen Abteilungen und Stellen je nach Aufgabenstellung immer wieder neu zusammengesetzt werden. Für das System ist das Ziel, mehr Flexibilität zu gewinnen.

76 Georg Schreyögg: Grundlagen der Organisation. Basiswissen für Studium und Praxis. Springer Gabler Verlag, 2012, 2016, S. 129–131.

Alle vier Punkte haben die Gemeinsamkeit, dass eine formelle hierarchische Führung konträr zum jeweiligen erhofften Nutzen steht und diese Vorgehensweise das tragende Gerüst einer agil-selbstorganisierten Netzwerkorganisation aufgrund ihrer starren, unflexiblen Eigenschaften zum Einsturz bringen könnte.

Wenn formelle Hierarchien reduziert werden und sich Teams plötzlich selbst organisieren, entsteht zunächst ein Vakuum innerhalb der Zusammenarbeit: Wo es früher eine verlässliche Instanz gab, die sowohl für Teammitglieder als auch für Externe als erste Anlaufstelle fungierte, das Leitbild vorlebte, Entscheidungen traf, Konflikte löste und Feedback gab; wo es eine moderierende Funktion gab, die top-down Informationen an das Team weitergab und umgekehrt als formelles Sprachrohr des Teams diente – dort entsteht bei der Abgabe von disziplinarischer, fachlicher und prozessualer Führung eine Leere, die nun mit einer neuen Form der Zusammenarbeit gefüllt werden kann.

Zudem ist eine Grundvoraussetzung für jedes funktionierende Team ein Bewusstsein für das gemeinsame Anliegen. Erst durch ein gemeinsames Ziel wird eine lose Gruppe, die mindestens aus drei Personen besteht, die miteinander in Beziehung stehen, zu einem richtigen Team. In diesem Zusammenhang ist es wesentlich, dass die gemeinsamen Ziele zu einer übergeordneten Vision passen und mit den gemeinsamen Werten des Teams korrelieren. Damit für jedes Teammitglied die Sinnhaftigkeit des gemeinsamen Handelns deutlich wird, muss für alle klar sein, warum das Team existiert. Werte und Ziele sind durch alle Teammitglieder gemeinsam zu definieren, damit alle an einem Strang ziehen können und ein Wir-Gefühl entstehen kann.

Doch wie sieht diese evolutionäre Zusammenarbeit aus? Wie ist ein selbstorganisiertes Team strukturiert und wer übernimmt die zahlreichen Aufgaben, die vorher Vorgesetzte erledigt haben? Wer bestimmt über das Gehalt und wer stellt neue Mitarbeitende ein? Fragen über Fragen, für die es keine Patentlösung gibt. Vielmehr liegt es, wie der Name schon erahnen lässt, am »selbstorganisierten« Team, wie es die neu gewonnene Verantwortung mit Inhalten füllt und die zukünftige Zusammenarbeit organisiert.

Professionell organisierte und moderierte Teambuilding-Workshops helfen Teams bei ihrer Selbstorganisation. Dabei wird auf folgende Inhalte besonders viel Wert gelegt:

- Teammitglieder stellen Biografie, persönliche Stärken, Kenntnisse und Fähigkeiten vor:
  → Warum braucht mich das Team?
- Grund der Existenz verdeutlichen:
  → Warum gibt es das Team?
- Gemeinsames übergeordnetes Anliegen bestimmen:
  → Was hat sich nach unserer Arbeit positiv verändert?
- Daraus resultierende Ziele nach dem SMART-Modell[77] definieren:
  → Was genau wollen wir wie bis wann erreichen?
- Aufbau eines gemeinsamen Wertegerüsts:[78]
  → Welche Ideale sind uns im Kontext der gemeinsamen Zusammenarbeit besonders wichtig?
- Individuelle Bedürfnisse und Wünsche jedes einzelnen Teammitglieds transparent machen:
  → Was brauche ich, um im Team erfolgreich zu sein?
- Rollen definieren und einzelnen Teammitgliedern zuschreiben:
  → Wer macht was?
- Wesentliche Fragen klären:
  → Wie werden Entscheidungen getroffen? Wie werden Konflikte gelöst? Wie geben wir uns gegenseitig Feedback?

Wie eine mögliche Architektur von selbstorgansierten Teams aussehen kann, wird im Folgenden auf einer übergeordneten Ebene beschrieben. Schließlich können alle beschriebenen Ideen, Maßnahmen, Methoden und Werkzeuge so adaptiert werden, dass sie zum Team passen.

---

77 George T. Doran hat 1981 das SMART- Akronym skizziert. Demnach sollen Ziele spezifisch, messbar, aktivierend, realistisch und terminiert sein.

78 Alle Werte, die bereits formuliert wurden: https://www.wertesysteme.de/alle-werte-definitionen/ (abgerufen am 06.11.2020).

5.1 Mindset

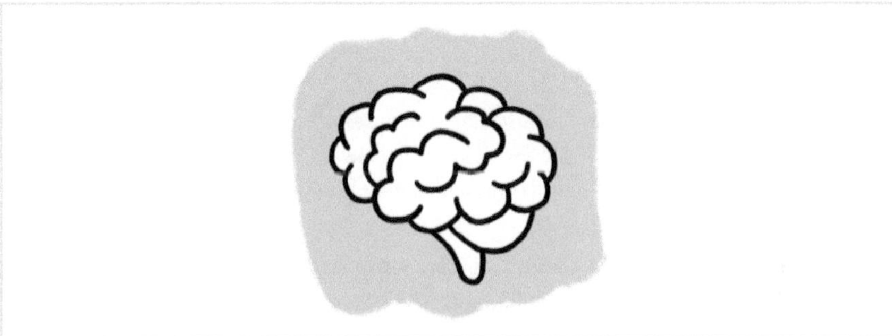

Der wichtigste Erfolgsgarant, wenn es darum geht, tradierte und eingefahrene Arbeitsstrukturen durch eine evolutionäre Zusammenarbeit zu ersetzen, ist das persönliche Mindset. Es beginnt mit der persönlichen Haltung, Denkweise und Einstellung jedes einzelnen Teammitglieds. Denn wer die Organisation und das Team verändern möchte, muss immer bei sich selbst anfangen. Und bei dem Thema Mindset ist jede Kollegin und jeder Kollege gefragt. Es können noch so viele neue Methoden, Prozesse und Maßnahmen integriert werden – wenn ein Großteil der Mitarbeitenden eine negative Einstellung dazu hat, werden die eingeleiteten Veränderungen nicht angenommen. Im schlimmsten Fall werden Veränderungsprozesse torpediert und die daraus erhofften positiven Entwicklungen schlagen ins Gegenteil um. Und das alles nur, weil Mitarbeitende unzureichend eingebunden, Ängste nicht wahrgenommen und Befürchtungen als Hirngespinste abgetan werden. In vielen Organisationen wird der Fokus daher immer stärker auf den Bereich Kommunikation und Change gelegt – nicht zuletzt dem Umstand geschuldet, dass sich hohe Investitionen in eine stimmigere Zusammenarbeit am Ende auch auszahlen.

Agilität im unternehmerischen Kontext bedeutet »20 Prozent Methode, 80 Prozent Mindset«. Ob Mindset nun mit Denkweise, Einstellung, Gesinnung, Haltung, Lebensphilosophie, Mentalität, Orientierung oder gar Weltanschauung übersetzt wird – am Ende wird eine evolutionäre Zusammenarbeit scheitern, wenn das Team nicht gemeinsam von der Theorie in die Praxis wechselt. Für eine evolutionäre Zusammenarbeit und die damit verbundene kontinuierliche Entwicklung ist es daher von wesentlicher Bedeutung, gemeinsam aus der Komfortzone zu gehen und Spaß am Lernen zu entwickeln.

Die Haltung und Einstellung einzelner Teammitglieder wird mit dem persönlichen Mindset zusammengefasst. Die gemeinsame Haltung und Einstellung des gesamten Teams bildet die Teamkultur.

!

Teamkultur

Nur durch das gemeinsame Lernen, durch die gemeinsam gesammelten Erfahrungen und das daraus resultierende Wir-Gefühl kann eine durch alle legitimierte Teamkultur entstehen, die langfristig auf einem breiten Fundament stehen kann.

Mitarbeitende in einem selbstorganisierten Team haben oftmals ein Mindset, das eine evolutionäre kulturelle Entwicklung langfristig möglich macht:

- von der Kontroll- zur Vertrauenskultur
- von der Fehler- zur Lernkultur
- von der Siez- zur Duz-Kultur
- von der vertikalen zu einer horizontalen Kommunikationskultur
- von der Verschwiegenheits- zur Transparenzkultur
- von der sinnbefreiten zur sinnstiftenden Unternehmenskultur

Jede Organisation hat eine Kultur und jedes Team die dazugehörige Subkultur, auch wenn es die Mitarbeitenden vielleicht nicht immer bewusst wahrnehmen. Wird nicht kontinuierlich und aktiv an der eigenen Einstellung gearbeitet, kann das Team auf dem Weg in eine neue Ära weit zurückgeworfen werden. Change-Prozesse verdeutlichen immer wieder, wie lange es dauert, bis Menschen sich nachhaltig ändern (wollen). Bis sich das globale Mindset von Organisationen auf allen Stufen wiedergefunden hat, können viele Jahre bis Jahrzehnte ins Land gehen. Darum sprechen viele Experten darüber, dass es oftmals einfacher ist, ein neues Unternehmen zu gründen, als mit bestehenden Mitarbeitenden tradierte Strukturen, Prozesse und deren Einstellungen und Verhaltensweisen im Kontext zur Unternehmenskultur zu verändern. Darum kann es hilfreich sein, Mitarbeitende auf dem Weg zu einer stimmigeren Arbeitswelt zu unterstützen. Natürlich können viele individuelle kreative Ideen dabei helfen, eine evolutionäre Kultur nachhaltig und vor allen Dingen schneller voranzubringen. Das Wichtigste ist dabei aus meiner Sicht, die betroffenen Mitarbeitenden von Anfang an miteinzubeziehen.

Eine regelmäßige Herausforderung bei der Integration selbstorganisierter Teams ist, dass einige Beschäftigte kein Vertrauen in den Change-Prozess haben. Dementsprechend hat sich auch ihre Einstellung geformt. Es ist schwierig, den Sinn für Veränderungen zu vermitteln, wenn sich schon im Vorfeld Ängste und Bedenken manifestiert haben. Ein flankierendes Problem ist, dass aus verschiedenen Gründen nicht alle Mitarbeitenden die Möglichkeit haben, sich über die neue Welt zu informieren und sich über die vielen Veränderungen adäquat auszutauschen. Manche Mitarbeitende befinden sich in Elternzeit, andere sind länger krank, viele haben aufgrund der Arbeitsdichte keine Zeit und nicht die Muße, sich auch noch mit kulturellen Themen zu beschäftigen. Zudem werden Mitarbeitende in den Veränderungsprozess oftmals unzureichend eingebunden. Wie soll sich in diesem herausfordernden Rahmen das kulturelle Mindset evolutionär entwickeln?

Auf diese Frage möchte ich mit folgenden bewährten Handlungsempfehlungen antworten, die allesamt in den Arbeitsalltag integriert werden können:

Mindset entwickeln

- Einführung einer Plattform als soziales Medium für den Austausch relevanter Informationen zur neuen agilen Welt, angelehnt an beispielsweise *Facebook*, *Twitter* und *Youtube*
- gemeinsame Design-Thinking-Workshops, um neue Ideen oder Produkte zu entwickeln
- Einführung einer unternehmensweiten Duz-Kultur
- Einführung eines agilen Ideenmanagements, bei dem Mitarbeitende für die beste Idee stimmen können, die dann unmittelbar umgesetzt wird
- inspirierende Bücher an Mitarbeitende verschenken oder verleihen
- Veranstaltungen anbieten mit Speakern aus dem Umfeld von New Work und Agilität
- gemeinsame Videoclip-Abende mit inspirierenden Beiträgen (zum Beispiel: meine besten Youtube-Clips zum Thema Scrum, Kanban, Design Thinking, New Work etc.)

Diese Maßnahmen helfen nicht nur bei der Einführung einer neuen Unternehmenskultur, sie machen darüber hinaus auch noch Spaß und bauen Befürchtungen und Ängste ab.

Während die kulturelle Leistung über Jahre und Jahrzehnte geprägt wird, kann die neue Teamstruktur auf Knopfdruck umgesetzt werden.

5.2 Struktur

Der strukturelle Aufbau eines selbstorganisierten Teams bestimmt sich im wesentlich durch die Anzahl der Teammitglieder, welche Funktionen diese innehaben und wie sie miteinander in Beziehung treten.

!

Kommunikation auf Augenhöhe

Grundsätzlich kommunizieren Teammitglieder in selbstorganisierten Teams auf einer horizontalen Beziehungsebene auf Augenhöhe. Es gibt keine formelle Hierarchie, die eine vertikale Machtausübung qua Amt möglich macht.

Allerdings entstehen informelle Hierarchien, wenn Menschen miteinander in Beziehung treten. In Projektteams wird es leitende Rollen geben, die qua Informationsvorsprung die Richtung vorgeben und aufgrund ihrer Fähigkeiten und Kenntnisse eine entscheidende Position einnehmen können. Das sind in der Regel jene Teammitglieder, die am engsten mit Kunden und Nutzenden in Verbindung stehen. In selbstorganisierten Teams wird allerdings stets versucht, den Informationsvorsprung so gering wie möglich zu halten. Die nötige Transparenz wird durch verschiedene Tools für kollaboratives Arbeiten möglich gemacht.

Die jeweiligen Funktionen einzelner Teammitglieder richten sich indes auf eine effiziente Befriedigung der Kundenbedürfnisse aus. In der Regel werden innovative Lösungen in crossfunktionalen Teams gefunden. Wenn Menschen aus unterschiedlichen Disziplinen zusammenarbeiten, ist die Chance, innovative Lösungen zu finden, größer als in Silostrukturen.

Dennoch ist es sinnvoll, sich neben den crossfunktionalen Teams in sogenannten Funktionsteams zu organisieren. In diesen Teams können sich Menschen mit den gleichen Aufgaben Austauschen und gegenseitig auf den neuesten Stand ihrer Disziplin bringen.

Entscheidend für eine gute Zusammenarbeit ist die Größe von selbstorganisierten Teams. Da neben den alltäglichen Aufgaben jedes Teammitglieds alle Aufgaben einer Führungskraft dazukommen, sollten es nicht zu wenig Mitarbeitende sein. Schließlich wird die disziplinarische, fachliche und prozessuale Führung in die Verantwortung des Teams gelegt, das die damit einhergehenden Aufgaben auf unterschiedliche Teammitglieder verteilt. Auch die Schlagkraft des Teams wird in erheblichem Maße verringert, wenn es bei einer zu geringen Anzahl an Mitgliedern zu Krankheitsausfällen, Weiterbildungen, Urlauben oder anderen Abwesenheitstagen kommt.

Auf der anderen Seite darf die Anzahl an Teammitgliedern nicht zu hoch sein. Je mehr Mitarbeitende sich in einem Team selbstorganisieren, desto höher ist die Wahrscheinlichkeit, dass individuelle Wünsche und Bedürfnisse nicht berücksichtigt werden können. In Teamsitzungen, die auf Effizienz gepolt sind, kommen in zu großen Teams nicht alle Teammitglieder gleichermaßen wertschätzend zu Wort. Das kann dazu führen, dass wesentliche Einwände nicht gehört und Mitarbeitende infolgedessen demotiviert werden. Auch die Entscheidungsfindung wird erschwert, wenn zu viele Teammitglieder ihre Position vertreten möchten. Je mehr Mitarbeitende mitentscheiden, desto schwieriger wird der Prozess einer Konsententscheidung, die im Kapitel »Workhacks« (s. Kap. 6) näher betrachtet wird. Generell ist die nötige Wertschätzung jedes einzelnen Teammitglieds von entscheidender Bedeutung, um eine nachhaltige Zusammenarbeit erzielen zu können. Hier kann nach dem Motto verfahren werden: »Weniger ist manchmal mehr.«

Größe selbstorganisierter Teams !

Selbstorganisierte Teams bestehen aus drei bis maximal acht Teammitgliedern.

Abschließend kann festgestellt werden, dass auch die Teamstruktur agil bleiben sollte. Es wird also nie eine genau festgelegte Anzahl an Teammitgliedern geben und es werden nicht immer die gleichen Funktionen benötigt. Im Vordergrund steht immer die Erhöhung des Kundennutzens. Wie sich das Team sinnvoll um den Kunden strukturiert, wird ein dauerhaft fluider Prozess sein, der stets flexibel angepasst werden kann.

5.3 Rollen

Damit sich ein Team erfolgreich selbst organisieren kann, müssen die vorher von der Führungskraft ausgeführten Tätigkeiten ins Team integriert werden. Schließlich bleiben beim Wegfall von Hierarchiestufen nicht nur die expliziten Aufgaben einer Führungskraft bestehen, sondern auch die zahlreichen eher unbewussten Rollen, die ein Team erfolgreich machen.

Laut Jachtchenko beherrschen erfolgreiche Führungskräfte aus jeder Branche fünf Rollen, um multidimensionalen Aufgaben gewachsen zu sein:[79]

- Rolle 1: überzeugender Kommunikator
- Rolle 2: effektiver Manager
- Rolle 3: motivierender Team-Leader
- Rolle 4: empathischer Psychologe
- Rolle 5: geschickter Problemlöser

Auf einer höheren evolutionären Stufe hat ein selbstorganisiertes Team die Aufgabe, diese eher unbewussten **impliziten Rollen** sinnvoll ins Team zu integrieren:

Eine »**überzeugende Kommunikation**« ist in einem selbstorganisierten Team für jedes Mitglied wesentlich, um bei Entscheidungen den individuellen Standpunkt erfolgreich vertreten zu können. Auch ist bei aufkommenden Konflikten und beim Geben und Nehmen von Feedback eine gewaltfreie Kommunikation gefragt, die in vielen Fällen zwar erst erlernt werden muss, jedoch zu den Grundvoraussetzungen eines selbstorganisierten Teams gehört.

79 Wladislaw Jachtchenko: Die 5 Rollen einer Führungskraft. Remote Verlag, 2020, S. 7.

»Effektive Manager« können alle Mitarbeitenden einer Organisation sein, die ein Team oder eine Abteilung verantworten und die Arbeit von anderen leiten, organisieren, koordinieren und überwachen. Auch wenn die formelle Leitungsfunktion wegfällt, muss die Zusammenarbeit organisiert und koordiniert werden. Zudem wird es Instanzen geben, die Zahlen, Daten und Fakten aufarbeiten und für alle Mitarbeitenden transparent machen.

Die Rolle als **»motivierender Team-Leader«** spielt in selbstorganisierten Teams eine eher untergeordnete Rolle, da die Motive aus dem übergeordneten Anliegen abgeleitet werden können. Teammitglieder, die zum größten Teil selbstbestimmt handeln, können sich intrinsisch motivieren, also von innen heraus. Externe Impulse kommen in selbstorganisierten Teams von Coaches, Beraterinnen und Beratern sowie Trainerinnen und Trainern. Interne Impulse bekommen Teammitglieder durch Feedback von Kolleginnen und Kollegen. In den meisten Fällen wird es allerdings immer Teammitglieder geben, die die Rolle als »motivierender Team-Leader« übernehmen.

Die Rolle als **»empathischer Psychologe«** nimmt ein Teammitglied ein, wenn es die Fähigkeit und Bereitschaft besitzt, Emotionen, Gedanken und Motive einer Kollegin oder eines Kollegen zu erkennen, zu verstehen und nachzuempfinden. Das Teammitglied sollte infolgedessen mit einer gewissen psychologischen Expertise auf die nachempfundenen Gefühle der Kollegin oder des Kollegen reagieren können. Im Allgemeinen wird dieses Verhalten als ein kollegiales Miteinander beschrieben, das für jedes Team vorausgesetzt werden sollte. Es ist dennoch von Vorteil, eine Vertrauensperson zu installieren, die als »erster Ansprechpartner« zur Verfügung steht, wenn Probleme oder Konflikte entstehen.

In selbstorganisierten Teams ist jedes Mitglied gleichermaßen ein **»geschickter Problemlöser«**. Diese Rolle nehmen alle Mitarbeitenden ein, wenn sie vor Herausforderungen stehen. Wo früher Führungskräfte Probleme gelöst haben, sind alle Beschäftigten nun selbst verantwortlich. Dafür sind sich Teammitglieder in selbstorganisierten Teams nicht zu schade, Kolleginnen und Kollegen um Unterstützung zu bitten, um schneller an die Lösung zu gelangen. Denn Wissen wird nicht als Machtinstrument genutzt, sondern als Schmiermittel für eine kollaborative Zusammenarbeit.

Darüber hinaus kann jedes Team **explizite Rollen** besetzen, die für eine stimmige Zusammenarbeit erforderlich sind.

Es gibt sechs explizite Rollen, die jedes selbstorganisierte Team flexibel adaptieren und integrieren kann:

- **Die moderierende Rolle ...**
  - ist für die Organisation von Meetings, Workshops und Seminaren verantwortlich.
  - moderiert die oben genannten Veranstaltungen.
  - ist verantwortlich für die Protokollierung von Ergebnissen.
- **Die repräsentative Rolle ...**
  - ist für die Kommunikation zwischen einzelnen Abteilungen verantwortlich.
  - repräsentiert das gesamte Team nach außen.
  - ist verantwortlich für den reibungslosen Informationsfluss.
- **Die organisierende Rolle ...**
  - hat administrative Aufgaben inne.
  - ist verantwortlich für die Bereitstellung von Hygienefaktoren (physische und virtuelle Arbeitsmittel).
  - hat die Verantwortung für die Einhaltung und Transparenz allgemeiner Prozesse.
- **Die coachende Rolle ...**
  - begleitet Kolleginnen und Kollegen in ihrer Entwicklung.
  - ist eine Person, die für neue Teammitglieder ansprechbar ist.
  - ist verantwortlich für allgemeine Weiterbildungsprogramme.
- **Die überprüfende Rolle ...**
  - hat den Fokus auf die Wirtschaftlichkeit innerhalb der Zusammenarbeit.
  - bereitet wirtschaftsbezogenen Zahlen, Daten und Fakten auf.
  - stellt die Transparenz von Wirtschaftsdaten sicher.
- **Die vermittelnde Rolle ...**
  - ist eine vertrauenswürdige Person, die bei zwischenmenschlichen Problemen unterstützt.
  - vermittelt zwischen mehreren Konfliktparteien.
  - hat eine hohe Expertise im Bereich gewaltfreier Kommunikation.

Auch wenn die expliziten Rollen im Team fest an einzelne Teammitglieder vergeben werden können, ist es von Vorteil, wenn Verantwortlichkeiten im Rotationsverfahren wechseln. So wird sichergestellt, dass bei Abwesenheit der Rolle stets eine erfahrene Vertretung einspringen kann. Zudem fördert das Rotationsverfahren das Verständnis für andere Rollen und erhöht das Einfühlungsvermögen der einzelnen Teammitglieder. Zuletzt wird durch das Einnehmen verschiedener Rollen das Netzwerk an Beziehungen innerhalb der Organisation weiter ausgebaut, wenn beispielweise jedes

Teammitglied einmal die repräsentative Rolle einnimmt und damit für den Informationsfluss zwischen den unterschiedlichen Abteilungen verantwortlich ist.

5.4 Ziele

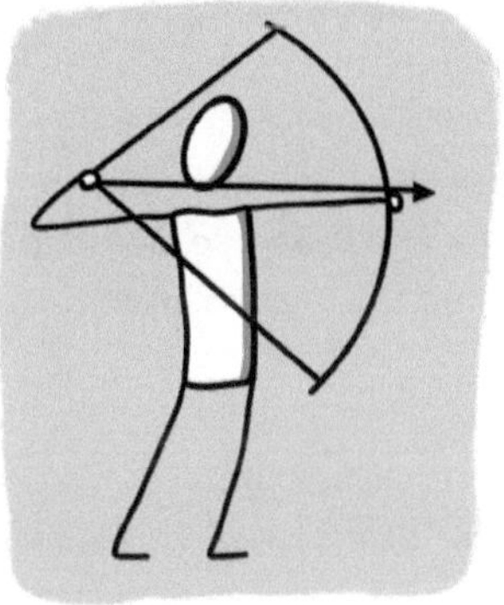

Nachdem sich das selbstorganisierte Team in der neuen Struktur und den neuen Rollen gefunden hat, werden in der Regel zuerst neue Modelle für die Zielvereinbarungen implementiert, um das Tagesgeschäft am Laufen zu halten und eine wirtschaftliche Vorausschau antizipieren zu können.

Zielausrichtung !

Selbstorganisierte Teams richten ihre Ziele nach dem Sinn und Zweck der Organisation aus.

Da Organisationen ihre Ziele aufgrund von sich schnell verändernden Kundenverhalten immer wieder flexibel anpassen müssen, wird exemplarisch das agile Rahmenwerk »Objektives and Key Results« (OKR) vorgestellt, das selbstorganisierte Teams für ihre Zielvereinbarungen nutzen und individuell für sich anpassen können.

OKR ist eine Managementmethode, die bereits Mitte der 1970er-Jahre bei *Intel* entwickelt wurde[80] und dabei hilft, aus abstrakten Unternehmensvisionen konkrete

80 Steven Levy: In The Plex: How Google Thinks, Works, and Shapes Our Lives. Simon & Schuster Verlag, 2011, S. 162.

Teamziele zu extrahieren. Während die Unternehmensvision als »Objective« definiert, *wohin* die Organisation steuert, beschreiben die Teamziele als »Key Results«, *was* dafür zu tun ist, damit die Organisation dort ankommt, wo sie hinmöchte.[81] Dabei formulieren Vorstände oder Geschäftsführende auf einer qualitativen Ebene und in regelmäßigen Abständen die Vision, Strategie oder das Ziel der Organisation. Selbstorganisierte Teams verpflichten sich dann, innerhalb eines bestimmten Zeitraums messbare Erfolgstreiber[82] abzuarbeiten, die es der Organisation ermöglichen, das übergeordnete Ziel zu erreichen.

Wesentlich für den Erfolg dieser Methode ist eine kurze und einprägsame Unternehmensvision. Der Investor John Doerr, der die Methode 1999 bei *Google* eingeführt und sie dadurch berühmt gemacht hat, schreibt dazu in seinem Buch »OKR: Objectives & Key Results«:

> »Klare Zielvorgaben verstärken unseren Fokus und unser Engagement: Nichts treibt uns so sehr an wie eine Frist. Meiner Erfahrung nach ist ein vierteljährlicher OKR-Takt am besten dazu geeignet, mit den sich permanent verändernden Märkten Schritt halten zu können. Es zügelt Prokrastination und führt zu wirklichen Leistungssteigerungen.«[83]

Doerr fügt im Weiteren allerdings hinzu, dass jedes Unternehmen seinen eigenen Takt für Zielvereinbarungen finden müsse, je nach Kontext und Kultur der jeweiligen Organisation.[84]

Um beispielsweise die quartalsweise festgelegten Unternehmensziele zu erreichen, durchlaufen selbstorganisierte Teams in dieser Zeit mehrere OKR-Zyklen, die meist zwischen zwei und vier Wochen andauern und jeweils aus verschiedenen Regelmeetings bestehen:

- OKR-Planning
- OKR-Dailys

81 https://eleganthack.com/the-art-of-the-okr/ (abgerufen am 06.01.2021).

82 Auch als »Key Performance Indicator« (KPI) bekannt.

83 John Doerr: OKR: Objectives & Key Results: Wie Sie Ziele, auf die es wirklich ankommt, entwickeln, messen und umsetzen. Verlag Franz Vahlen GmbH, 2018, S. 58.

84 John Doerr: OKR: Objectives & Key Results: Wie Sie Ziele, auf die es wirklich ankommt, entwickeln, messen und umsetzen. Verlag Franz Vahlen GmbH, 2018, S. 58.

- OKR-Review
- OKR-Retrospektive

Während ein Teammitglied aus der moderierenden Rolle heraus zu den verschiedenen Team-Events einlädt, sorgt die überprüfende Rolle für die Transparenz bei der Zielerreichung. Mitarbeitende in der coachenden Rolle stellen darüber hinaus Angebote für die Entwicklung der Teammitglieder zur Verfügung.

OKR-Planning
Im OKR-Planning trifft sich das gesamte Team an einem bestimmten Termin jede zweite, dritte oder vierte Woche, um aus der Unternehmensstrategie höchstens drei messbare Teamziele zu definieren. Die Begrenzung der Zielanzahl fördert nicht nur die Übersichtlichkeit und die Motivation der Mitarbeitenden, sondern sie gewährleistet auch die Machbarkeit. Verirren sich Teams in dem Versuch, zu viele Ziele gleichzeitig zu erreichen, wird die Priorisierung schwerer und die Wahrscheinlichkeit größer, einzelne Ziele aufgrund des fehlenden Fokus nicht zu erreichen. Die zu vereinbarenden Ziele unterliegen indes noch weiteren Bedingungen:
- Der Zeitrahmen für die Zielerreichung sollte zwischen zwei und vier Wochen liegen. Dementsprechend lang sind die einzelnen OKR-Zyklen, die sich so lange wiederholen, bis die neue Unternehmensstrategie ausgerufen wurde.
- Die Zielerreichung liegt aufgrund der zwingenden Messbarkeit zwischen null und 100 Prozent.
- Ziele sollten ambitioniert sein, um im Team wachsen zu können. Werden die 100 Prozent immer erzielt oder übertroffen, sind die Ziele zu gering.
- Ziele sind unternehmensweit für alle transparent einsehbar. Dafür nutzt die Organisation kollaborative Tools. Die Transparenz dient der evolutionären Zusammenarbeit und darf nicht zu Kontrollzwecken ausgenutzt werden.[85]
- Grundsätzlich wird die Zielerreichung nicht an Gehaltserhöhungen gekoppelt. Auch bei größtem Einsatz gibt es etliche Einflussfaktoren, die eine Zielerreichung unmöglich machen. Zudem würde dieser Umstand die intrinsische Motivation von Mitarbeitenden zerstören, Ziele aus eigenem Antrieb heraus erreichen zu wollen.

85 https://library.gv.com/how-google-sets-goals-okrs-a1f69b0b72c7#.vzfpa1q7p/ (abgerufen am 06.01.2021).

OKR-Dailys

Jeden Werktag trifft sich das Team bei Bedarf für circa 15 Minuten, um sich über die aktuelle Zielerreichung auszutauschen (siehe dazu auch Kapitel 6.5.2 »Daily Standups«). Die moderierende Rolle stellt allen Teammitgliedern folgende Fragen:

- Was hast du bisher erreicht?
- Was machst du heute?
- Brauchst du Hilfe?

OKR-Review

Die OKR-Review findet immer am Ende eines OKR-Zyklus statt und dient der Rückschau zusammen mit den Verantwortlichen für die übergeordneten Unternehmensziele mit dem Fokus auf die Frage: »*Was* haben wir bisher geschafft, um dem Unternehmensziel näher zu kommen?« Während die OKR-Review von der moderierenden Rolle geleitet wird, stellt die überprüfende Rolle die Zielerreichung vor. In der Regel dauert die Review 30 Minuten und gibt dem selbstorganisierten Team darüber hinaus die Gelegenheit, Feedback einzuholen oder Feedback zu geben.

OKR-Retrospektive

Die OKR-Retrospektive findet immer nach der OKR-Review statt und dient dem Team zur Intervision, einer kollegialen Beratung, die in selbstorganisierten Teams auf Freiwilligkeit und Eigenverantwortlichkeit beruht[86] und die Frage beantworten soll: »*Wie* haben wir im vergangenen OKR-Zyklus zusammengearbeitet und was können wir verbessern?« (siehe dazu auch Kapitel 6.2.1 »Retrospektive«). So kann sich das Team kontinuierlich weiterentwickeln und an seinen »selbst gesetzten« Zielen wachsen.

Nach der Retrospektive fängt der neue Zyklus wieder mit dem OKR-Planning an, sodass sich der Zielvereinbarungsprozess kontinuierlich wiederholen und dynamisch an die sich stetig verändernden Marktbedingungen anpassen kann.

Neben der Methode »Objectives and Key Results« gibt es noch weitere agile Prozesse, die im folgenden Kapitel beschrieben werden.

86 https://lexikon.stangl.eu/4644/intervision/ (abgerufen am 06.01.2020).

5.5 Prozesse

Wenn sich selbstorganisierte Teams in einem komplexen Umfeld befinden, in dem sich beispielsweise Kundenwünsche kontinuierlich ändern und ein hoher Konkurrenzdruck herrscht, dann setzen diese Teams auf stetige Änderungen, Anpassungen und Optimierungen. Das gelingt ihnen in der Regel nicht mit starren Prozessen wie dem Wasserfallmodell, bei dem einzelne Projektphasen vom Start bis zum Ende durchgeplant sind und wasserfallartig von oben bis unten abgearbeitet werden, sondern mit agilen Prozessschritten.

Agile Prozesse !

Agile Prozesse haben das Ziel, einen vorher festgelegten Plan, nach Reflexion der ersten Schritte, kontinuierlich und flexibel anzupassen.

Während im traditionellen Kontext am Ende der Prozesskette *eine* Lösung vorgesehen ist, kann es in agilen Prozessen *mehrere* Lösungen geben. Die beste Lösung wird mit einer experimentellen Vorgehensweise gefunden. Dabei dürfen selbstverständlich Fehler gemacht werden, die als Chance für Verbesserungen gesehen werden. Denn evolutionäres Schaffen bedeutet nicht nur zu wissen, wie es geht, sondern zusätzlich auch noch zu wissen, wie es nicht geht.

5.5.1 PDCA-Zyklus

Veranschaulicht werden können die einzelnen agilen Prozessschritte mit dem **PDCA-Zyklus**, der erstmals in den Fünfzigerjahren durch William Edwards Deming geprägt wurde.[87] Dieser Zyklus umfasst vier Schritte, die kontinuierlich aufeinander aufbauen und sich so lange wiederholen, bis das Projekt abgeschlossen ist:[88]

- **Plan** (Planen)
- **Do** (Tun)
- **Check** (Überprüfen)
- **Act** (Handeln)

Der wohl bekannteste agile Prozess, der nach dem PDCA-Zyklus verläuft, ist neben dem Kanban- und Design-Thinking-Prozess der Scrum-Prozess.

5.5.2 Scrum

Scrum kommt ursprünglich aus der agilen Softwareentwicklung und wird heutzutage insbesondere für komplexe Projektarbeiten genutzt, bei denen am Anfang noch nicht ganz klar ist, was am Ende herauskommen soll, sondern zunächst nur die Rahmenbedingungen und die Vision bekannt sind. Bei dem ab dem Jahr 1993 von den beiden Softwareentwicklern Ken Schwaber und Jeff Sutherland formalisierten Prozess handelt es sich um ein einfaches Rahmenwerk, das interdisziplinär besetzte, selbstorganisierte Teams nutzen, um empirisch, inkrementell und iterativ Produkte zu entwickeln.[89]

! **Scrum-Prozess**

Wenn vom Scrum-Prozess die Rede ist, dann ist damit die Abfolge von Regelmeetings gemeint, die zum Ziel haben, Lernen zu maximieren.[90]

Das Wesentliche an dem Prozess ist einerseits die regelmäßige Optimierung des zu entwickelnden Produkts in einer Rückschau (Review) gemeinsam mit allen Stakeholdern und andererseits die regelmäßige Verbesserung der Zusammenarbeit in der gemeinsamen Reflexion (Retrospektive).

87 W. E. Deming: Out of the Crisis; Massachusetts Institute of Technology, Cambridge 1982, S. 88.

88 www.schirrmann-consulting.de/index.htm?http://www.schirrmann-consulting.de/qualitaetsmanagement/demingkreis.html (abgerufen am 07.01.2021).

89 ScrumAlliance: The State of Scrum: Benchmarks and Guidelines. How the world is successfully applying the most popular Agile approach to projects. 2001–2013, ProjectManagement.com, S. 2.

Insgesamt besteht der Scrum-Prozess aus vier Schritten, die zusammen einen Zyklus bilden und im Folgenden beschrieben werden:

- Sprint-Planning
- Daily Scrum
- Sprint-Review
- Sprint-Retrospektive

Sprint-Planning

Im Sprint-Planning wird der nächste Zyklus geplant, der im Scrum-Rahmenwerk »Sprint« genannt wird. Der sogenannte Product Owner, der als gleichwertiges Mitglied des Scrum-Teams die Interessen des Kunden vertritt und die Produktvision kennt, priorisiert im Sprint-Planning die nächsten Aufgaben, die die Teammitglieder im kommenden Sprint eigenständig bearbeiten können. Ein Sprint ist in der Regel zwei, drei oder vier Wochen lang. In dieser Zeit entwickelt das Scrum-Team durch die Bearbeitung der Aufgaben das sogenannte Inkrement, ein potenziell lieferfähiges Produkt, das in den darauffolgenden Sprints weiterentwickelt wird.

Daily Scrum

Der zweite Schritt ist dem Workhack »Daily Stand-ups« (siehe Kapitel 6.5.2) sehr ähnlich. Während des Sprints treffen sich die entwickelnden Teammitglieder an jedem Arbeitstag zur gleichen Zeit am gleichen Ort – das kann auch remote sein – für maximal 15 Minuten. Da der Scrum Master für die Einhaltung des Prozesses verantwortlich ist, stellt dieser sicher, dass die Zeremonie stattgefunden hat. Der Scrum Master kann an dem Meeting genauso wie der Product Owner teilnehmen, wenn sie an den gestellten Aufgaben partizipieren, sie müssen es jedoch nicht zwangsläufig. In der Regel beantworten die Entwicklungsteammitglieder im Daily Scrum selbstständig und nacheinander folgende Fragen:

- Was habe ich bis jetzt erreicht?
- Was werde ich heute noch erreichen?
- Welche Herausforderungen sehe ich?

Selbst der kurze Daily Scrum stellt einen PDCA-Zyklus dar, indem gefragt wird, was erreicht wurde (Check) und wie die Erkenntnisse in den heutigen Tag integriert werden können (Plan).

Sprint-Review

Im Sprint-Review nimmt der Product Owner als Repräsentant des Kunden die Ergebnisse aus dem Sprint ab. Die Teammitglieder aus der Entwicklung präsentieren dazu nach und nach die fertigen Ergebnisse aus den gestellten Aufgaben. Der Product Owner nimmt allerdings nur jene Ergebnisse ab, die potenziell auslieferbar und funktional sind, genauso wie es ein Kunde tun würde.

Sprint-Retrospektive

Die Sprint-Retrospektive dient dem Team zur Reflexion und zum Verbessern der gemeinsamen Zusammenarbeit. Der Fokus liegt also auf dem Prozess selbst und nicht auf dem Produkt. Moderiert wird das Treffen in der Regel vom Scrum Master, der jedem Teammitglied innerhalb kreativer Formate die Möglichkeit gibt, offen, ehrlich und direkt Probleme, Fragen und Erkenntnisse zu erläutern. Dabei ist wichtig, dass jedes Teammitglied die oberste Direktive anerkennt: »Jedes Teammitglied hat nach bestem Wissen und Gewissen gehandelt.«

Auch dieser Prozessschritt kann als einzelner Workhack dienen (siehe Kap. 6.2.1) und selbstorganisierten Teams dabei helfen, sich auch ohne Scrum kontinuierlich weiterzuentwickeln.

5.5.3 Design Thinking

Ein weiterer Rahmen, um neue Ideen, Innovationen oder Prototypen bis zur Marktreife zu entwickeln, nennt sich »Design Thinking«. Wie bei allen agilen Methoden wird auch hier primär aus Sicht der Nutzer gedacht und gehandelt. Selbstorganisierte und vor allen Dingen interdisziplinäre Teams nutzen den Design-Thinking-Prozess, um Marktopportunitäten zu finden. Diese entstehen in der Schnittmenge zwischen Wünschbarkeit, Machbarkeit und Wirtschaftlichkeit.[91] Innovationen sind dann wünschenswert, wenn erste Prototypen nachweislich einen konkreten Nutzen stiften. Die Machbarkeit ist dann erfüllt, wenn Lösungen technisch umgesetzt werden können. Und wirtschaftlich sind sie dann, wenn das Resultat von potenziellen Nutzern in einem ausreichenden monetären Maß gewürdigt wird.

Grundsätzlich kann Design Thinking in zwei große Kategorien unterteilt werden: das Problem und die Lösung. Um für Kunden geeignete Lösungen zu generieren, muss zunächst das Problem der Nutzer verstanden werden. Dazu durchläuft der Design-

91 Michael Lewrick: Design Thinking. Radikale Innovationen in einer digitalisierten Welt. Verlag C.H. Beck, 2018, S. 11.

Thinking-Prozess sechs Phasen – die ersten drei Phasen für das Problemverständnis, die letzten drei Phasen für die Lösungsfindung.

Verstehen
In der ersten Phase geht es darum, die eigentliche Fragestellung zu verstehen und ein gemeinsames Problemverständnis zu generieren. Wird aus Nutzersicht die falsche Frage gestellt, so wird niemals die erwünschte Antwort herauskommen, getreu der Erkenntnis: »Shit in – shit out«.

Beobachten
Was sind Probleme, Wünsche, Bedürfnisse und Erwartungen von potenziellen Nutzern? Um diese Frage zu beantworten, muss die Lebenswelt von Nutzern beobachtet und analysiert werden. Dies geschieht beispielsweise durch Interviews, Personas oder Customer Journeys.

Sichtweise definieren
In der dritten Phase wird hinsichtlich der gewonnenen Erkenntnisse eine gemeinsame Sichtweise definiert. Was sind tatsächlich die wesentlichen Probleme, Wünsche, Bedürfnisse und Erwartungen mit Blick auf die initiale Fragestellung? Dazu werden alle genannten Dimensionen zu Themenfeldern geclustert und nach Wichtigkeit priorisiert. Für das wichtigste Problem werden Lösungsideen generiert.

Ideen entwickeln
In der vierten Phase werden viele Ideen generiert, die potenzielle Lösungen des gemeinsam definierten Problems sein können. Die im Plenum gesammelten Ideen werden wiederum zu Themenfeldern geclustert und priorisiert. Die höchstgewichtete Idee gewinnt.

Prototyping
In dieser Phase wird aus der besten Idee ein Prototyp gebaut. Hier sind der Kreativität keine Grenzen gesetzt. Ob mit Lego, Pappkartons, Knete, Bastelmaterialien, Rollenspielen oder mit digitalen Mitteln – es ist alles möglich, um Nutzern ein realitätsnahes Erlebnis zu bieten.

Testen
Ob der Prototyp bei Nutzern auf Anklang stößt und sich als sinnvoll erweist, wird in der letzten Phase getestet. Dazu werden richtige Nutzerinnen und Nutzer eingela-

den, die den Prototyp ausgiebig testen und bewerten. Um das Ergebnis zu validieren, ist schließlich eine hohe Anzahl an Nutzern und Testern nötig.

5.6 Arbeitsort

Wird Sinn maximiert, gilt das auch für den Arbeitsort. Hier stellt sich die Frage, wo die Wertschöpfung stattfindet und wo Teammitglieder subjektiv betrachtet für sich am produktivsten arbeiten können. Dabei können viele den Arbeitsort nicht einfach selbst bestimmen. Ob Lehrkräfte, Feuerwehrleute, Gastronomiebetreibende, Reinigungskräfte, Zugbegleitende, Beschäftigte im Einzelhandel oder Pflegekräfte, viele Berufe haben entweder einen immer variierenden oder einen festen Arbeitsort, den sich Mitarbeitende nicht aussuchen können. Es gibt allerdings neben vielen Strömungen einen neuen Supertrend: der Trend zum mobilen Arbeiten.

!

Work from anywhere

Was früher »Telearbeit« oder »Homeoffice« hieß, heißt heute oder spätestens morgen »work from anywhere.«

Zumindest gilt das für all diejenigen, die für ihr Schaffen lediglich einen Laptop inklusive Zubehör benötigen – also mittlerweile schon für circa 50 Prozent aller Beschäftigten in Deutschland.[92]

92 www.vbg.de/SharedDocs/Medien-Center/DE/Broschuere/Themen/Bildschirm_und_Bueroarbeit/Gesundheit_im_Buero.pdf?__blob=publicationFile&v=21 (abgerufen am 28.12.2020).

Selbstorganisierte Teams nutzen diese Möglichkeit selbstverständlich dort, wo es sinnvoll ist und es sich mit den Arbeitsabläufen vereinbaren lässt. Ist es für Teammitglieder möglich, selbst zu entscheiden, wo sie arbeiten, so findet man sie neben dem eigenen Zuhause auch in Zügen, im Café oder im Restaurant sowie im Wald oder in wärmeren Regionen. Hauptsache eine stabile Internetverbindung ist vorhanden, die man heutzutage selbst auf den zivilisationsentferntesten Campingplätzen finden kann.

Mobiles Arbeiten ist für viele Teammitglieder Fluch und Segen zugleich. Es gibt zahlreiche Vorteile, aber auch viele Nachteile, wenn man sich dem einen oder anderen Extrem zuwendet. Schauen wir uns die negativen und positiven Auswirklungen einmal genauer an.

Nachteile

- **Die persönlichen Begegnungen fallen weg:** Wichtige informelle Gespräche, die früher in der Teeküche oder »zwischen Tür und Angel« stattgefunden haben, können remote insbesondere für neue Mitarbeitende zur Herausforderung werden. Mittlerweile wissen wir, dass die Zusammenarbeit besser und reibungsloser funktioniert, wenn die zwischenmenschlichen Beziehungen zwischen Teammitgliedern auf einer vertrauensvollen Basis beruhen. Aus eigener Erfahrung weiß ich, dass eine vertrauensvolle Basis nur schwer dort aufgebaut werden kann, wo sich eventuell noch weitere Personen im Raum befinden, in dem mein Gegenüber die Videokonferenz mit mir gestartet hat. Es ist etwas anderes, einem Menschen von Angesicht zu Angesicht, mit allen fünf Sinnen – Sehen, Hören, Riechen, Schmecken und Tasten – zu begegnen als lediglich mit teilweise hakendem Hören und Sehen.
- **Ständige Erreichbarkeit:** Mobile Arbeit setzt eine hohe Selbstdisziplin voraus, den Laptop und das Smartphone nach der Arbeitszeit auszuschalten. Wichtig ist hier, nicht die eigenen Geräte zu nutzen, sondern betriebliche. Arbeiten Teammitglieder von den eigenen Geräten aus, kann die Abgrenzung zwischen Beruflichem und Privatem schwer werden. Insbesondere bei der Arbeitszeit kann nur schwer differenziert werden, was Arbeits- und was Freizeit ist. Vielleicht sind Kolleginnen und Kollegen aus Versehen noch online, obwohl sie schon längst mit den Kindern spielen – und schon kündigen die Computerlautsprecher den nächsten Videocall an, obwohl sie sich gedanklich schon längst im Feierabend befinden. Für manche kann die ständige Erreichbarkeit psychische und physische Folgen haben, wenn sie ständig unter Anspannung stehen und keine Zeit mehr für eine ausreichende Bewegung finden.

- **Das Office-Eye-Syndrom:** Wenn persönliche Begegnungen, Meetings, Workshops, Seminare und so weiter durch Videokonferenzen abgelöst werden, dann sitzen Teammitglieder noch mehr als zuvor vor ihren Bildschirmen. Selbst Kinder lernen neuerdings stundenlang von zu Hause aus und schauen oft ununterbrochen auf das rund 70 Zentimeter entfernte Gerät, wo die Bildschirmzeit früher noch von den Eltern aus gesundheitlichen Gründen bewusst begrenzt wurde. 80 Prozent der Menschen, die täglich mehrere Stunden vor dem PC sitzen, kennen Augenleiden wie Brennen, Jucken und Trockenheitsgefühl. Diese Augenleiden werden als Office-Eye-Syndrom zusammengefasst.[93] Darüber hinaus berichten viele über Kopfschmerzen, Rückenschmerzen und Ermüdungserscheinungen, wenn sie wieder zu lange vor den Monitoren gesessen haben.

Vorteile

- **Flexiblere Möglichkeiten zur Gestaltung der Work-Life-Balance:** Wer mobil arbeitet, kann Beruf und Familie besser miteinander vereinbaren. Das Kind vom Kindergarten abholen, sich zwischendurch sportlich betätigen, in der eigenen, gut ausgestatteten Küche Mahlzeiten zubereiten, den Arzttermin wahrnehmen, Handwerker reinlassen, Post annehmen. Für viele, die schon mal in den Genuss von Homeoffice gekommen sind, ist diese neu gewonnene Flexibilität gar nicht mehr wegzudenken. Doch wie sieht es dann mit der Produktivität aus, wenn Mitarbeitende so viele Möglichkeiten haben, sich mit anderen Dingen als der Arbeit zu beschäftigen?
- **Produktivere Arbeitsweise:** Tatsächlich sind die meisten Mitarbeitenden produktiver, wenn sie ihren Arbeitsort selbst auswählen können. Menschen wollen aus eigener Motivation heraus effizient arbeiten und richten ihren individuellen Arbeitsplatz so ein, dass sie ein Höchstmaß an Produktivität erreichen können. In Wirklichkeit ist es doch so, dass wir in den neuen Großraumbüros maximal abgelenkt werden können – sei es durch Kolleginnen und Kollegen, die auf einen kurzen Plausch vorbeikommen, unnötige Meetings oder eine erhöhte Geräuschkulisse, die durch Rascheln, die Klimaanlage, laute Telefongespräche oder vorbeilaufende Kolleginnen und Kollegen verursacht wird. Zudem sind viele Mitarbeitende bereits bei der Ankunft am Arbeitsort gestresst – zum Beispiel durch den dichten Berufsverkehr bei schlechtem Wetter.

---

93 www.netdoktor.de/augen/office-eye-syndrom/ (abgerufen am 28.12.2020).

All diese Faktoren können Beschäftigte selbstorganisiert ausschalten. Der selbstbestimmte Arbeitsort garantiert Teammitgliedern außerdem ein Höchstmaß an Flexibilität hinsichtlich ihrer Arbeitszeit. Es gibt Frühaufsteher, die sogenannten Lerchen, die am produktivsten in den Morgenstunden arbeiten. Dann gibt es Menschen, die sogenannten Nachteulen, die spät abends am besten arbeiten können. Diese eher ungewöhnlichen, aber dennoch einrichtbaren Arbeitszeiten lassen sich am besten im Homeoffice umsetzen. Es sei denn, jemand fährt gerne noch mal kurz mitten in der Nacht zur Arbeitsstätte, wenn er oder sie plötzlich zwischen 21:00 bis 23:00 Uhr eine Kreativitätsexplosion erlebt, die bei Ankunft im Büro leider erloschen ist ...

- **Eine nachhaltigere Arbeitsweise:** Das aus meiner Sicht wichtigste Argument für mobiles Arbeiten und somit auch für Homeoffice ist die nachhaltigere Arbeitsweise. Menschen, die komplett von zu Hause aus arbeiten, benötigen teilweise kein Auto mehr und können sich somit die hohen Anschaffungskosten, Versicherungen, Steuern, die Wartung sowie den Kraftstoff sparen. Auch Organisationen wie beispielsweise Unternehmensberatungen sparen die meist exorbitanten Fahrt-, Hotel- und Verpflegungskosten, die ihnen wiederum außerordentliche Gewinne ermöglichen.
  Neben den reduzierten Mobilitätskosten gibt es darüber hinaus viele weitere Ressourcen, die eingespart werden können, um einerseits nicht unnötige Kosten zu verursachen und andererseits die Umwelt nachhaltig zu schonen. Viele Organisationen verzichten neuerdings komplett auf eigene Büroräume. Für physische Meetings nutzen diese Unternehmen Co-Working-Spaces, die zurzeit wie Pilze aus dem Boden schießen. Bei allen anderen Aufgaben kann jedes Teammitglied dort arbeiten, wo es ihr oder ihm am sinnvollsten erscheint. Fallen traditionelle Bürokomplexe weg, werden zahlreiche weitere Dienstleistungen und Produkte wegfallen, die mit der Pflege und dem Unterhalt der Immobilien zu tun haben. Ob es nun Büromobiliar, Kaffeevollautomaten, Reinigungskräfte, Wartungsarbeiten, Sanierungen oder Renovierungen sind – all diese Aufwendungen fallen im Zuge von »work from anywhere« weg.

Fazit

Bei ausufernden Zeiten vor den Monitoren sind psychische sowie physische Krankheiten, ob nun im Homeoffice oder in firmeneigenen Gebäuden, nahezu vorprogrammiert. Darum möchte ich unabhängig vom Arbeitsort dafür plädieren, dass wir alle zunächst achtsamer mit uns und unserem Körper umgehen, bevor wir uns der Frage nach »work from anywhere« zuwenden. Zwickt der Rücken, tun die Augen weh, bin ich ausgelaugt und müde? Hier können sich selbstorganisierte Teams selbstverständlich eigene Richtlinien schaffen – wie das regelmäßige Rausgehen an die frische Luft oder der regelmäßige Blick aus dem Fenster. Die Gesundheit geht immer vor. Egal, wo, wann und wie gearbeitet wird.

Die Frage nach einer mobilen und flexiblen Zusammenarbeit oder der Zusammenarbeit ausschließlich im firmeneigenen Bürokomplex möchte ich darüber hinaus gerne mit dem buddhistischen Mittelweg beantworten. Aus meiner Sicht sollten selbstorganisierte Teams eine Mischung aus mobilem Arbeiten und Präsenzzeit ermöglichen, um die positiven Auswirkungen beider Pole sinnvoll miteinander zu verschmelzen. Selbstverständlich kann es Teams geben, die über den ganzen Globus verteilt sind. Hier würde eine fast ausschließliche mobile Arbeitsweise Sinn stiften. Dann gibt es Teams, die eher regional arbeiten. Hier bietet es sich an, sich regelmäßig in angemieteten Co-Working-Spaces zusammenzufinden, um Treffen zu veranstalten, die remote aufgrund von dynamischen Interaktionen nicht möglich wären.

Eng mit dem Arbeitsort ist darüber hinaus die Arbeitszeit verknüpft. Wer mobil »from anywhere« oder von zu Hause aus arbeitet, kann die Arbeitszeit noch mal ganz anders für sich planen. Zwar immer in Absprache mit dem Team im Hinblick auf Regeltermine, dennoch aber ganz nach den individuellen Bedürfnissen, die für das ganze Team als sinnvoll erachtet werden sollten.

5.7 Arbeitszeit

Mitglieder selbstorganisierter Teams achten aufeinander und gehen wertschätzend und achtsam miteinander um. Insbesondere das Thema der Work-Life-Balance steht oft im Zentrum der Diskussion, wenn es um eine nachhaltigere Arbeitsweise geht. Der Begriff »Work-Life-Balance« wird oft kritisiert, da Arbeit zum Leben dazugehört und Leben und Arbeit damit nicht strikt voneinander getrennt werden können. Dennoch nutze ich diesen Begriff, da er für viele Menschen die schwierige Balance zwischen den vielschichtigen Dimensionen im Leben verdeutlicht. Alle Teammitglieder können für sich die Dimensionen Beruf, Familie, Freunde, Gesundheit und so weiter unterschiedlich gewichten. Am Ende geht es aber um die körperliche und psychische Gesundheit, wenn wir uns über eine sinnvolle Arbeitszeit unterhalten. Das gilt insbesondere in einem Zeitalter, in dem Mitarbeitende von zu Hause aus arbeiten und ohne den direkten Kontakt zu Kolleginnen und Kollegen nahezu durchgängig auf den Bildschirm schauen. Hier fehlt es oftmals an körperlicher Bewegung, frischer Luft und ausreichend Pausen, die vorher durch kurze Kaffee- oder Tee-Meetings mit den Teammitgliedern fest in den Tagesplan integriert waren.

Wenn sich selbstorganisierte Teams dem Thema evolutionäre Zusammenarbeit widmen, dann wird faktenbasiert diskutiert und die Gesundheit aller Teammitglieder an die erste Stelle gesetzt, da es um eine nachhaltige und langfristige Zusammenarbeit geht und nicht um eine kurzfristig gewinnorientierte Ressourcenausnutzungskultur.

Verkürzte Arbeitszeiten !

Viele Teams entscheiden sich dafür, ihre tägliche Arbeitszeit auf fünf bis sechs Stunden oder ihre wöchentliche Arbeitszeit auf 25 bis 30 Stunden zu begrenzen.

Eine angestrebte Arbeitszeit von 25 bis 30 Stunden liegt sogar noch über der durchschnittlichen Arbeitszeit von Teilzeitbeschäftigten in Deutschland, die 2018 bei 21,6 Stunden lag.[94]

Das bedeutet nicht, dass sofort der Umsatz einbricht, wenn sich Teams für mehr »Leben« entscheiden. In Schweden gibt es beispielsweise mehrere Unternehmen, die das Gegenteil beweisen und durch eine Reduktion der Arbeitszeit die Gewinne sogar steigern konnten. Beispiele sind unter anderem die Orthopädie-Station der Sahlgrenska-Universitätsklinik, das *Toyota*-Werk in Göteborg oder das Internet-Start-up *Brath.*[95] Die Firma *Tower Paddle Boards* in San Diego geht mit gutem Beispiel voran. In seinem Unternehmen hat Stephan Aarstol den Fünf-Stunden-Tag eingeführt und musste keinen Umsatz einbüßen. Es gab sogar das gleiche Gehalt wie vorher, die Mit-

94 Gallup Engagement Index 2018.

95 https://ze.tt/goeteborg-testet-den-6-stunden-arbeitstag-mit-ueberraschenden-ergebnissen/ (abgerufen am 05.12.2020).

arbeitenden mussten allerdings eine Bedingung erfüllen: die gleiche Arbeit in derselben Zeit zu schaffen.[96]

Genauso hat es die IT-Agentur *Digital Enabler* in einer Experimentierphase durchgezogen. Fünf Stunden arbeiten pro Tag bei gleichem Gehalt. Für das Unternehmen war die Umstellung zur 25-Stunden-Woche neben der besseren Work-Life-Balance bestes Employer Branding, schreibt *Die Zeit* im April 2018 in dem Artikel »Wollt ihr weniger arbeiten und genauso viel verdienen?«.[97] Demnach sind laut dem Geschäftsführer Lasse Rheingans in den vergangenen Monaten 200 Initiativbewerbungen eingegangen. Zwar konnte nicht immer das hohe Wunschgehalt gezahlt werden, dafür stimmte wiederum das attraktive Arbeitszeitmodell, was viele hoch qualifizierte Fachkräfte dazu bewog, in diesem Unternehmen anzufangen.

Auch der Unternehmer Erich Erichsen aus Schenefeld in Schleswig-Holstein hat die Arbeitszeit in seiner Kanzlei auf 25 Stunden in der Woche reduziert. Erichsen berichtet, dass die Arbeit im Ergebnis genauso gut geschafft werde wie vorher und die Aussicht auf mehr Freizeit eine echte Motivationswelle ausgelöst habe.[98]

Es zählt also generationenübergreifend nicht mehr nur das Gehalt, sondern auch die nachhaltige Zusammenarbeit mit dem Fokus auf das ganze Leben, in das neben vielen unterschiedlichen Dimensionen eben auch die Arbeit fällt. 2007 hat K. Anders Ericson, ein Experte im Bereich der Arbeitspsychologie, herausgefunden, dass Menschen nur vier bis fünf Stunden konzentriert und produktiv arbeiten können. Nach dieser Zeit fällt die Produktivität stark ab.[99] Bei der wöchentlichen Arbeitszeit haben Forscher sogar herausgefunden, dass mehr als 60 Stunden Arbeitszeit in der Woche krank machen. Wer demnach mehr als 60 Stunden pro Woche arbeitet, riskiert seine Gesundheit.[100] Daher plädieren auch in Australien Forscher für eine 25-Stunden-Woche. Die Wissenschaftler auf der anderen Seite der Erde haben herausgefunden, dass die kognitiven Fähigkeiten mit jeder Arbeitsstunde in der Woche zunahmen, bis die

96 https://digitaler-mittelstand.de/business/ratgeber/arbeitszeit-verkuerzen-das-ist-rechtlich-moeglich-27822 (abgerufen am 05.12.2020).
97 https://www.zeit.de/zeit-spezial/2018/01/25-stunden-woche-lasse-rheingans-agentur-bielefeld (abgerufen am 05.12.2020).
98 Neue Osnabrücker Zeitung (noz): 25-Stunden-Woche bei vollem Gehalt? – »Das geht«, vom 04.02.2021.
99 https://hbr.org/2007/07/the-making-of-an-expert (abgerufen am 05.12.2020).
100 https://www.businessinsider.de/video/die-folgen-einer-60-stunden-arbeitswoche-2015-11/ (abgerufen am 05.12.2020).

Stunde 25 erreicht wurde. Ab Stunde fünf am Tag sank demnach die Aufmerksamkeit, die Erinnerung, das Lernen, das Problemlösen oder die Kreativität.[101]

Auch wenn dafür Verständnis aufgebracht werden kann, in einem leistungs- und gewinnorientierten Unternehmen auch noch die letzten Gehirnzellen auszuquetschen, trägt diese Form der Zusammenarbeit nicht zu einer nachhaltigen und gesunden Zusammenarbeit bei. Die Forscher gehen noch einen Schritt weiter und sagen, dass eine wöchentliche Arbeitszeit von mehr als 25 Stunden sogar schlecht für das Gehirn sei. Aufgrund des physischen und psychischen Stresses sind demnach die kognitiven Fähigkeiten irgendwann schlechter als von jemandem, der arbeitslos ist. Der Arbeitszeitreport der Bundesanstalt für Arbeitsschutz und Arbeitsmedizin von 2016 untermauert die Aussagen, dass, wer mehr als 40 Stunden in der Woche arbeitet, häufiger mit Schmerzen im Bewegungsapparat, Kopfschmerzen, Einschlafschwierigkeiten, Verdauungsproblemen und anderen sogenannten psychovegetativen Beschwerden zu tun hat.[102] Da die wöchentliche Arbeitszeit von Vollzeitbeschäftigten 2018 im Durchschnitt bei 42,2 Stunden lag, traf das zumindest in diesem Jahr auf eine Vielzahl an Arbeitnehmerinnen und Arbeitnehmern zu.[103]

Nicht nur Unternehmenslenkende möchten eine produktivere Zusammenarbeit fördern. Menschen in selbstorganisierten Teams möchten ebenso effizient arbeiten, also mit möglichst geringem Einsatz möglichst viel erreichen. Unzufrieden werden Menschen erst dann, wenn sie merken, dass sie ihre Leistung nicht mehr im vollen Umfang abrufen können, aber trotzdem noch drei Stunden bis zum Feierabend vor sich haben. Dann kommt unter anderem das vielen bekannte Parkinson'sche Gesetz zum Tragen:

Parkinson'sches Gesetz !

Arbeit dehnt sich in genau dem Maß aus, wie Zeit für ihre Erledigung zur Verfügung steht.[104]

Die Zeit wird aus Sicht vieler Beschäftigter dann nicht mehr sinnvoll genutzt. Es wundert daher nicht, dass lediglich rund ein Viertel aller Teilzeitbeschäftigten gerne

101 https://www.businessinsider.de/wissenschaft/forscher-mehr-als-25-stunden-arbeit-in-der-woche-sind-schlecht-fuers-gehirn-2016-4/ (abgerufen am 05.12.2020).

102 https://www.arbeitszeit-klug-gestalten.de/alles-zu-arbeitszeitgestaltung/arbeitszeit-und-gesundheit/dauer-der-arbeitszeit/ (abgerufen am 05.12.2020).

103 Gallup Engagement Index 2018.

in Vollzeit arbeiten würden.[105] Mehr Sinn würde es vielleicht ergeben, die Zeit beispielsweise mit den Kindern zu verbringen oder einen Spaziergang durch den Wald zu machen.

Teams, die ihre Arbeitszeit verkürzen, müssen zwangsweise produktiver arbeiten. Das bedeutet, dass sich Teams nicht mehr wöchentlich eine Stunde im Sitzen treffen, sondern kurz 15 Minuten im Stehen (siehe dazu auch die »minimalinvasiven« Tools wie die Workhacks aus dem Kapitel 6, die unter anderem dabei helfen, die Zusammenarbeit auf Effizienz zu trimmen).

Arbeiten Mitarbeitende immer noch ineffizient mehr als 30 Stunden in der Woche, können sie ihre Arbeitszeit gemäß §8 Teilzeit- und Befristungsgesetz verkürzen, wenn sie länger als sechs Monate in einem Unternehmen beschäftigt sind, das mehr als 15 Beschäftigte hat.[106] Allerdings müssen Mitarbeitende die Verringerung der Arbeitszeit spätestens drei Monate vor Beginn der angestrebten Arbeitszeitverkürzung beantragen. Zwar kann der Arbeitgeber aus betrieblichen Gründen widersprechen, selbstorganisierte Teams werden allerdings kreative Lösungen finden, um den Wunsch einer nachhaltigen Zusammenarbeit zu ermöglichen.

Vielmehr kommt bei der Reduktion der Arbeitszeit der Widerspruch oftmals aus der Belegschaft. Das häufig verwendete Argument gegen die Arbeitszeitverkürzung: »Weniger Arbeit bedeutet weniger Geld, und das kann ich mir nicht leisten.« Eigentlich müsste es heißen: »Das will ich mir nicht leisten.« Denn wenn man die Einnahmen und Ausgaben von Haushalten einmal genauer unter die Lupe nimmt, kann ich als Finanzplaner aus eigener Erfahrung sagen, dass es selbstverständlich geht, wenn Prioritäten anders gesetzt werden.

Oliver Noelting aus Hannover hat die Internetseite www.frugalisten.de ins Leben gerufen und beschreibt dort, warum Menschen ihren Konsum einschränken und wie sie das auch mit geringem Einkommen tun können. Noelting schreibt auf seiner Seite unter anderem:

105 Gallup Engagement Index 2017.
106 http://www.gesetze-im-internet.de/tzbfg/__8.html (abgerufen am 05.12.2020).

> »Frugalisten fokussieren sich auf das, was nachweislich ein zufriedenes Leben ausmacht: Gute soziale Beziehungen, eine erfüllende Tätigkeit, Lachen, Gesundheit, Sport, lebenslanges Lernen. Alles Dinge, die nicht viel Geld kosten müssen.«[107]

So eine Lebensweise kann mehr Freiheiten und folglich ein gesünderes Leben ermöglichen. Auch Nico Paech, Volkswirt und Nachhaltigkeitsforscher, schreibt in seinem Buch »Befreiung vom Überfluss. Auf dem Weg in die Postwachstumsökonomie«, dass die Lebenszufriedenheit auf zwischenmenschlichen Beziehungen, der Integrität des sozialen Umfelds, Anerkennung eigener Fähigkeiten, Selbstwirksamkeit, Gesundheit, Sicherheit und auf einer intakt empfundenen Umwelt basiert. Eine glückstiftende Ausschöpfung dieser Potenziale erfordert laut Paech demnach kein Geld, sondern tatsächlich mehr Zeit.[108]

Viele Menschen wollen oder können ihre Arbeitszeit allerdings nicht verkürzen, weil sie sich oftmals als Konsumobjekt missbrauchen lassen und ihnen infolgedessen schlichtweg der finanzielle Spielraum für den Einkauf von mehr »Leben« fehlt. Allerdings steht für selbstorganisierte Teams das hohe Gehalt nicht an erster Stelle, wenn es um ein nachhaltiges, gesundes Leben geht. Eine geringere Arbeitszeit bedeutet weniger Geld und infolgedessen den freiwilligen und bewussten Verzicht auf Konsum. Der Fokus liegt hier auf Suffizienz, der Bemühung um einen möglichst geringen Material- und Energieverbrauch[109], um einerseits Kosten zu sparen und auf der anderen Seite ein nachhaltigeres und glücklicheres Leben zu führen. Zudem lässt sich durch die Verkürzung der Erwerbsarbeit die Selbst- und Fremdversorgung so kombinieren, dass die Abhängigkeit von einem monetären Einkommen sinkt.[110] Weniger Erwerbsarbeit ermöglicht also mehr Subsistenz, beispielsweise den eigenen Anbau von Obst und Gemüse, das nicht nur selbst konsumiert werden, sondern dem ganzen Team zugutekommen kann. Man könnte diesen Zustand eine Win-win-Situation nennen.

---

107 https://frugalisten.de (abgerufen am 06.12.2020).

108 Nico Paech: Befreiung vom Überfluss. Auf dem Weg in die Postwachstumsökonomie. Oekom Verlag, München, 2016, S. 126.

109 https://www.bund.net/ressourcen-technik/suffizienz/suffizienz-was-ist-das/ (abgerufen am 07.01.2021).

110 Nico Paech: Befreiung vom Überfluss. Auf dem Weg in die Postwachstumsökonomie, Oekom Verlag, München, 2016, S. 120.

Auch aus ökonomischer Sicht der Organisation können die Stundenzahlreduzierung und der damit einhergehende Verzicht auf einen Teil des Gehalts sinnvoll sein. Doch wie bestimmt sich das Gehalt in selbstorganisierten Teams und welchen Stellenwert nimmt der Einkommensfaktor heutzutage noch ein?

5.8 Gehalt

! **Fehlende emotionale Verbundenheit**

80 Prozent der Beschäftigten fühlen sich ihrem Unternehmen kaum oder gar nicht emotional verbunden.[111]

Diese traurige Tatsache hat eine repräsentative Studie des Beratungsunternehmens Gallup hervorgebracht. Die Frage lautet also: Warum gehen Menschen überhaupt noch einer abhängigen Beschäftigung nach? Ist es der leckere Kaffee oder sind es die netten Kolleginnen und Kollegen?

In der Gallup Studie von 2016 erklärte zwar die überwiegende Mehrheit, dass sie weiterhin arbeiten würde, wenn sie genügend Geld hätte, um ein sorgenfreies Leben zu führen. Diese finanziellen Mittel stehen den meisten Menschen allerdings nicht bedingungslos zur Verfügung.[112] Tatsächlich ist die überwiegende Mehrheit dazu gezwungen, für ihr monatliches Salär einer Beschäftigung nachzugehen. Menschen

111 Gallup Engagement Index 2018.
112 Gallup Engagement Index 2016.

verkaufen ihre Lebenszeit, damit sie sich Produkte oder Dienstleistungen kaufen können, die sie glauben besitzen zu müssen. Dienstleistungen oder Dinge, die einen scheinbar glücklich machen. Dinge, mit denen sie sich identifizieren. Dinge, die das eigene Ego befriedigen. Aber wenn wir einmal genau hinschauen, müssen wir feststellen, dass die glücklichsten Menschen gar nicht so viele Dinge besitzen. Mehrere Reisen nach Äthiopien haben mir deutlich gezeigt, wie unwichtig materielle Dinge wirklich sind, solange menschliche Grundbedürfnisse befriedigt sind. Es zählt das Miteinander, das aufeinander Achten und wie wir für unser und das Verhalten anderer Verständnis entwickeln können. Viele Menschen konsumieren, um anderen Menschen zeigen zu können, dass sie »scheinbar« glücklich sind, weil sie diese Dinge besitzen. Wir wollen als Menschen gesehen werden, dazugehören, geliebt werden. Für viele Menschen ist allerdings eine Korrelation zwischen Status und Ansehen bewiesen – Statussymbole, die oftmals hintergründige Bedürfnisse nach Anerkennung und Liebe befriedigen sollen. Doch:

»Eines Tages fällt dir auf,
dass du 99 % nicht brauchst.
Du nimmst all den Ballast
und schmeißt ihn weg,
denn es reist sich besser
mit leichtem Gepäck.«[113]

Ein Zitat aus dem Song »Leichtes Gepäck« von der Band *Silbermond*, das gleich zwei bedeutende Aussagen ans Tageslicht befördert hat. Wenn ich mir Glücksforschungen anschaue, dann entdecke ich immer wieder die gleichen Kriterien, die Menschen glücklich machen. Ob es nun die Geselligkeit ist, Gesundheit, Familie mit Kindern oder eine stabile Beziehung: Die Begegnung mit anderen Menschen kann glücklich machen, nicht aber das Geld allein. Man kann sich Dinge kaufen oder Zeit, die dafür notwendig ist, um überhaupt erst die Rahmenbedingungen zum Glücklichsein zu schaffen.

Neben dem Status gibt es viele weitere Motive, die Beschäftigte dazu veranlassen, ihre kostbare Lebenszeit zu veräußern. Diese sind zum Beispiel Sinn, Verantwortung, Freiheit, Weiterentwicklung oder Gerechtigkeit. Teammitglieder von selbst-

113 Zitat aus dem Song »Leichtes Gepäck« von Silbermond.

organisierten Teams haben oftmals ein Wertegerüst, das nicht auf Status und Macht basiert, sondern auf der Erkenntnis, einer sinnvollen Tätigkeit nachzugehen, die für andere Menschen einen relevanten Mehrwert bietet. Ein auskömmliches Einkommen spielt dabei selbstverständlich eine Rolle, allerdings eine untergeordnete. Die Kompensation ist dabei als gerechte Wertschätzung der zur Verfügung gestellten Arbeitszeit zu sehen.

!

Transparenz der Gehälter

In selbstorganisierten Teams sind Gehälter für alle transparent offengelegt.

Das Gehalt wird dabei für jedes Teammitglied anlassbezogen und individuell auf den Prüfstand gestellt. Das Team entscheidet im Konsent, wie hoch einzelne Gehälter und deren Erhöhungen ausfallen. Selbstverständlich kann jedes Teammitglied an das Team herantreten, um eine Gehaltserhöhung einzufordern. Gibt es keine Einwände, wird dem entsprochen. Eine gerechte und transparente Vereinbarung zwischen Team und Teammitglied ist dabei eine von vielen Grundvoraussetzungen für ein gelingendes Miteinander. Was dabei gerecht ist, entscheidet in größeren Organisationen tatsächlich nicht nur das Team. Es gibt zusätzlich einen Personalrat, der den Gesamtblick auf alle Gehälter hat, damit das Gesamtgefüge nicht ins Ungleichgewicht gerät. Der Personalrat muss am Ende der jeweiligen individuellen Verhandlung zustimmen, damit Gehälter im Gesamtunternehmen ökonomisch gerechtfertigt und validiert werden können. Der Personalrat wird dabei basisdemokratisch von allen Beschäftigten gewählt.

Vielen Teammitgliedern ist die Wichtigkeit einer ausgewogenen Balance zwischen Arbeitszeit und Freizeit bewusst. Da Status und Macht im Hinblick auf ein gesundes, ganzheitliches und nachhaltiges Leben eine eher untergeordnete Rolle spielen, setzen selbstorganisierte Teams auf eine 25- bis 30-Stunden-Woche, in der sie allerdings hochproduktiv agieren. Aus ökonomischer Sicht wird das Gehalt im Verhältnis zu einer beispielsweisen 40-Stunden-Woche angeglichen. Die neue Vollzeit heißt für selbstorganisierte Teams: »Ich arbeite höchst effizient circa sechs Stunden am Tag und circa 30 Stunden in der Woche.«

5.9 Entscheidungen

Grundsätzlich können alle Beschäftigten in agil-selbstorganisierten Netzwerkorganisationen jede Entscheidung treffen.

Dabei wird in drei verschiedene Kategorien unterschieden:

- Entscheidungen, die nur das jeweilige Teammitglied betreffen
- Entscheidungen, die das gesamte Team betreffen
- Entscheidungen, die das gesamte Unternehmen tangieren

Die allermeisten Entscheidungen treffen Mitarbeitende für sich allein am Arbeitsplatz. Dazu gehören alle Entscheidungen, die nur ihn oder sie betreffen. Das sind viele operative Entscheidungen genauso wie banale Entscheidungen wie zum Beispiel: Wie organisiere ich heute meinen Tagesablauf? Bei diesen Entscheidungen wäre es eher hinderlich, eine Kollegin oder einen Kollegen hinzuzuziehen. Bei individuellen Einzelentscheiden lautet der Entscheidungsprozess daher wie folgt: **Einfach machen!**

Anders sieht es bei Entscheidungen aus, die das gesamte Team oder die Organisation betreffen. Ein Klassiker ist die alljährliche Urlaubsplanung, die zumindest mit der Vertretung abgesprochen werden sollte, oder die Verschiebung eines Teammeetings. Es gibt jedoch auch weiter reichende Entscheidungen, die nicht allein getroffen werden können. Möchte ein Teammitglied außerplanmäßige Maßnahmen durchführen, wie beispielsweise die Integration von kostenintensiven IT-Anwendungen oder eine externe Weiterbildung, dann müssen das Team beziehungsweise die von der Entscheidung betroffenen Personen involviert werden. Je risikoreicher die Folgen der Entscheidung sind, desto größer ist der Umfang des Entscheidungsprozesses. Hat die Entscheidung beispielsweise weitreichende strategische Auswirkungen auf die gesamte Organisation, werden Geschäftsführende und Vorstände miteinbezogen.

Für Entscheidungen, die nicht nur die eigene Person betreffen, sondern auch andere Kolleginnen und Kollegen, gibt es zwei Abläufe, die zu einer Entscheidung führen können.

1. Der konsultative Einzelentscheid

Beim konsultativen Einzelentscheid betrifft die Entscheidung mindestens noch eine weitere Person. Die Person, von der die Initiative ausgeht, entscheidet allein und verbindlich für alle anderen. Allerdings muss sie vorher alle relevanten Stakeholder konsultieren, um deren Einwände, Fragen, Ideen und Ratschläge zu hören.[114] Sie ist jedoch nicht verpflichtet, jeden Ratschlag anzunehmen oder einen wirkungslosen Kompromiss einzugehen, der versucht, jedem Wunsch gerecht zu werden.[115] Bei dem Prozess ist wesentlich, dass Initiatoren einer Entscheidung vorher alle betroffenen Kolleginnen und Kollegen sowie Experten zu dem Thema konsultieren müssen. Dieser Zwang erhöht nicht nur die Akzeptanz aller Betroffenen, sondern auch die Fähigkeit, die Auswirkungen von zu treffenden Entscheidungen zu antizipieren. Wie das stufenweise Vorgehen beim konsultativen Einzelentscheid aussieht, wird in Kapitel 6.3.3 »Der konsultative Einzelentscheid« beschrieben.

2. Der integrative Entscheidungsprozess

Kommt es innerhalb des konsultativen Einzelentscheids zu berechtigten Einwänden, die gegen eine Entscheidungsvorlage, eine Idee oder einen Vorschlag sprechen, können Initiatoren den integrativen Entscheidungsprozess durchlaufen. Im Gegensatz zum konsultativen Einzelentscheid, müssen in dem Prozess sachliche Einwände gesammelt und in die Entscheidungsvorlage, die Idee oder den Vorschlag integriert

114 https://www.purpose-driven.world/tools/konsultativer-einzelentscheid/ (abgerufen am 08.11.2020).
115 Frédéric Laloux: Reinventing Organizations. Ein Leitfaden zur Gestaltung sinnstiftender Formen der Zusammenarbeit. Vahlen, 2015, S. 100.

werden. Hierzu wird die Idee oder die Entscheidungsvorlage den Betroffenen vorgelegt. Spontane Reaktionen werden von Moderierenden gesammelt. Entweder können die sachlichen Einwände unmittelbar geklärt werden, sodass es zu einer direkten Anpassung kommen kann, oder es wird zu einer neuen Zusammenkunft aufgerufen, in der die Einwände gesammelt und innerhalb der Entscheidungsvorlage berücksichtigt werden. Kommt es zu keiner Einigung, können weitere externe Experten hinzugezogen werden. Das letzte Wort können im Zweifel Geschäftsführende oder Vorstände haben. Dieser Prozess wird in Kapitel 6.3.4 »Der integrative Entscheidungsprozess« detailliert beschrieben.

Wo Entscheidungen getroffen werden, kann es zu Kontroversen kommen. Doch wie gehen selbstorganisierte Teams mit Konflikten um?

5.10 Konflikte

Konflikte erwünscht !

Genauso wie in gut funktionierenden Beziehungen sind Konflikte in einem selbstorganisierten Team inhärent und zudem explizit gewünscht, um eine »echte« harmonische Zusammenarbeit immer wieder herstellen zu können.

Innerhalb der gemeinsamen Zusammenarbeit wird es immer Konflikte geben, denn überall dort, wo Beziehungen entstehen und infolgedessen Erwartungen, Bedürfnisse und Wünsche aufeinandertreffen, sind Konflikte vorprogrammiert. Entscheidend ist nur, *wie* mit entstehenden Konflikten umgegangen wird. Schließlich steht die zukunftsorientierte Lösung des Konflikts immer im Mittelpunkt des Geschehens.

Insbesondere in selbstorganisierten Teams ist das Konfliktpotenzial größer als in hierarchisch geprägten Teams. Die Gründe sind vielfältiger Natur:

- Es gibt weniger Ängste, durch eine formelle, autoritäre Instanz sanktioniert zu werden. Die Hemmschwelle ist geringer.
- Agile Teams entwickeln sich kontinuierlich weiter. Innerhalb von regelmäßigen Retrospektiven werden Konflikte künstlich herbeigeführt, um gemeinsam im Team zu wachsen.
- In selbstorganisierten Teams wird das Individuum gestärkt, das Bedürfnisse, Wünsche und Erwartungen klar formuliert und adressiert.
- Jedes Teammitglied kann prinzipiell alle Entscheidungen treffen, die allerdings auch Kontroversen und Konflikte hervorrufen können.

Aus dieser Sichtweise heraus kann sich das selbstorganisierte Team professionell auf anstehende Konflikte vorbereiten.

Grundsätzlich beinhaltet die Klärung von Konflikten alle Grundprinzipien der gewaltfreien Kommunikation:

!

Gewaltfreie Kommunikation

»... Beobachten, sich klar werden über Gefühle und diese auch ausdrücken, Gefühle mit Bedürfnissen verknüpfen und an das Gegenüber eine machbare Bitte richten in klarer, konkreter, positiv formulierter Handlungssprache.«[116]

In Organisationen kann es immer wieder dazu kommen, dass Konfliktparteien in ihren unterschiedlichen Ansichten verhärtet sind, sodass sich Konflikte auf einer bilateralen Stufe nicht mehr lösen lassen.

116 Marshall B. Rosenberg: Gewaltfreie Kommunikation. Eine Sprache des Lebens. Junfermann Verlag, 2016, S. 153.

Aus diesen Gründen kann ein selbstorganisiertes Team auf einen systematischen Konfliktprozess zurückgreifen, der aufeinanderfolgende Eskalationsstufen beinhaltet und auf einer gewaltfreien Kommunikation basiert:

1. Innerhalb der ersten Stufe werden wir uns unserer eigenen Bedürfnisse bewusst. Warum erwarte ich von der anderen Partei ein bestimmtes Verhalten oder eine gewisse Handlung? Welche Ängste und Befürchtungen habe ich in diesem Zusammenhang? In einigen Fällen äußern wir vorschnell Kritik aus dem Affekt heraus, wissen aber nicht sofort, welche Bedürfnisse eigentlich dahinterstecken. Für das gegenseitige Verständnis ist es allerdings von enormer Bedeutung, die Grundmotive zu artikulieren. In der Folge kann durch gegenseitiges Verständnis eine gemeinsame Lösung gefunden werden. In den allermeisten Fällen kann der Konflikt schon innerhalb der ersten Stufe gelöst werden, wenn die **Grundmotive aller Konfliktparteien** transparent gemacht wurden und das Verständnis füreinander vorhanden ist. Um sich der eigenen Bedürfnisse bewusst zu werden, kann eine coachende Person aufgesucht werden, die durch professionell gestellte Fragen wirksame Impulse geben kann.
2. Die zweite Stufe tritt in Kraft, wenn eine Konfliktpartei für die andere zwar ein gewisses Verständnis entwickeln kann, nach ausreichender Reflexion allerdings immer noch Veränderungen wünscht. Können sich die Konfliktparteien nicht einigen, wird eine **vermittelnde Person** hinzugezogen. Das kann beispielsweise ein neutrales Teammitglied sein, das die vermittelnde Rolle innehat und Fachkenntnisse im Bereich der gewaltfreien Kommunikation besitzt. Entsteht ein Konflikt abteilungsübergreifend, kann selbstverständlich auch eine externe Mediation in Anspruch genommen werden.
3. Können sich Konfliktparteien immer noch nicht einigen, kann es an subjektiven oder objektiven Gründen liegen. Da eine Lösung, die auf individuellen Befindlichkeiten beruht, wahrscheinlich als unzureichend empfunden wird, legt die dritte Stufe den Fokus auf sachliche Argumente. Hier wird eine neutrale Moderation damit beauftragt, ein Treffen einzuberufen, in dem alle Parteien ihre Sichtweise mit objektiven Argumenten untermauern müssen. Dazu kann jede Partei zusätzliche Expertinnen und Experten einladen, die einen Beitrag zur Lösungsfindung leisten können. Zusätzlich wird eine unparteiische **Schiedsperson** eingeladen, die den Konflikt ihrerseits zusammenfasst und offizielle Anweisungen ausspricht, an die sich alle Konfliktparteien letztlich zu halten haben.
4. Neben üblichen Konflikten kann es am Arbeitsplatz in sehr schwerwiegenden Fällen zu psychischer Gewalt in Form von Beschimpfung, Beleidigung, Verleumdung, Ausgrenzung und Diskriminierung kommen. Nicht zuletzt kann es sich dabei nicht

nur um Kavaliersdelikte handeln, sondern um Straftaten, die sofort geahndet werden müssen. Gibt es in Organisationen Mitarbeitende, die eher dem pathologischen Bereich zuzuordnen sind, oder Beschäftigte, die wissentlich schwerwiegende fachliche oder prozessuale Fehler begangen haben, können disziplinarische Maßnahmen notwendig werden. Autoritäre Maßnahmen sollten zwar immer der letzte Ausweg aus einer Sackgasse sein, dennoch muss es sie geben, wenn vorher kein einziges Mittel zur Beendigung zerstörerischer Konflikte beigetragen hat.
Der Weg für disziplinarische Maßnahmen kann bei schwerwiegenden Verstößen sofort gegangen werden oder spätestens dann, wenn Anweisungen der Schiedsperson nicht eingehalten werden und der Konflikt infolgedessen weiterhin besteht. Innerhalb der vierten Stufe des Konfliktprozesses wird der Fall an einen **Personalrat** weitergeleitet, der unter anderem aus einer Vertrauensperson, der Vertretung von Arbeitnehmern, der Personalabteilung und der Geschäftsleitung bestehen kann. Nach eingehender Prüfung des Konflikts wird innerhalb des Rats über weitere Maßnahmen entschieden.

Lösen Verhaltensweisen von Teammitgliedern positive oder negative Gefühle in mir aus, kann ich nach eigener Reflexion ein konstruktives Feedback geben.

5.11 Feedback

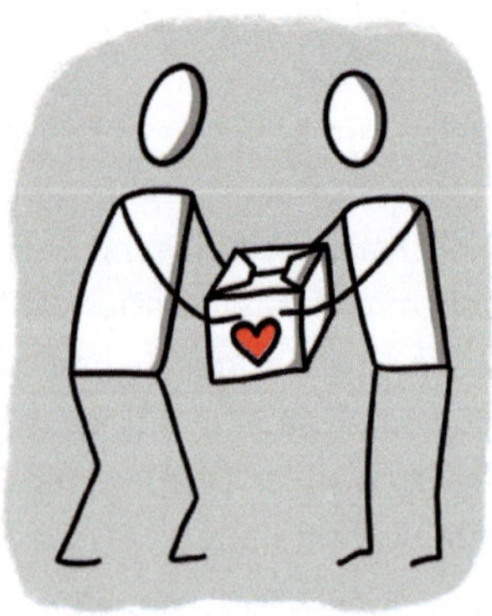

Feedback ist eines der wichtigsten Instrumente für die persönliche und fachliche Weiterentwicklung. Gerade in selbstorganisierten Teams ist Feedback geben und nehmen unerlässlich, wenn ein strukturelles, top-down angeordnetes Feedback wegfällt. Wo es in traditionell geführten Unternehmen leitenden Angestellten vorbehalten war, über Untergebene zu urteilen, sind in evolutionären, selbstorganisierten Netzwerkorganisationen alle Beschäftigten aufgerufen, emotionale Beobachtungen sowohl im positiven als auch im negativen Sinne zu teilen. Ohne helfendes Feedback wäre mir heute nicht bewusst, dass ich oftmals lange, verschachtelte Sätze formuliere, die es Leserinnen und Lesern schwermachen, meinen Äußerungen zu folgen und am Ende noch zu wissen, was am Anfang stand, was mich durchaus traurig stimmt, da ich eigentlich eine verständliche Schreibweise pflegen möchte.

Genauso wichtig wie der Fakt, *dass* wir uns gegenseitig Feedback geben, ist der Prozess, *wie* wir es tun. Viele kennen den Spruch: »**Feedback ist ein Geschenk.**«

Allerdings ist eine helfende Rückmeldung erst dann ein Geschenk, wenn Mitarbeitende das Gefühl haben, dass Kolleginnen und Kollegen ihnen wohlgesinnt sind. Genauso wie man Messer als Waffe oder als Haushaltshilfe nutzen kann, kann Feedback auch gewaltvoll oder gewaltfrei eingesetzt werden.

Bei der gewaltfreien Formulierung von Beobachtungen können die sogenannten WWW-Regeln helfen:

- **W**ahrnehmung
- **W**irkung
- **W**unsch

1. Wahrnehmung

Möchten Mitarbeitende Feedback geben, fangen sie damit an, ihre Beobachtung so objektiv wie möglich zu schildern. Dabei ist es wesentlich, die Beobachtungen wertfrei und in der Ich-Form zu beschreiben. Jegliche »Bewertungen« der Situation sind stets subjektiv und können daher nicht der objektiven Wahrheit entsprechen.

»Peter, deine schlechte Leistung, die du jeden Tag ablieferst, das geht gar nicht. Und das sehen hier übrigens alle so!«

Peter könnte seine Leistung ganz anders einschätzen. Es handelt sich also um eine individuelle Meinung. Dass sie jeden Tag schlecht ist, kann definitiv bezweifelt werden. Dass Peters Verhalten die feedbackgebende Person stört, kann stimmen, allerdings wird Peter das Feedback eher als Angriff sehen und nicht als helfendes

Feedback, da Peter a) nicht weiß, welche Leistung kritisiert wird, und b) keinen Hinweis darauf bekommen hat, wie er sein Verhalten ändern kann.

Die Wörter *immer, nie, jedes Mal, alle, niemand* und so weiter werden gerne als Übertreibungen genutzt, um der Rückmeldung eine höhere Gewichtung und einen gewissen Nachdruck zu verleihen. In dieser Funktion erzeugen diese Wörter eher eine Abwehrhaltung, statt Verständnis und Veränderungsbereitschaft.[117]

Eine neutral formulierte Wahrnehmung könnte wie folgt aussehen:

»Peter, mir ist aufgefallen, dass du an den Tagen der letzten drei Retrospektiven jeweils einen Tag Urlaub eingereicht hast.«

Diese Aussage entspricht der Wahrheit. Doch welche emotionale Wirkung hat das Fehlen von Peter auf den Feedbackgebenden und welcher Wunsch verbirgt sich hinter der Beobachtung?

2. Wirkung

Um bei Feedbacknehmenden das empathische Verhalten zu stärken, ist es für Personen, die Feedback geben, von entscheidender Bedeutung, ihr Gefühl benennen zu können, das bei der Wahrnehmung wahrhaftig gespürt wird. Nur so können sich Mitarbeitende, die eine Rückmeldung erhalten, emotional in die Person hineinversetzen, die uns das Geschenk eines helfenden Feedbacks machen möchte.

Im Folgenden werden in alphabetischer Reihenfolge sowohl positive als auch negative Gefühle aufgelistet, um Feedbackgebenden ein Gespür dafür zu geben, wie vielfältig Gefühle sein können. Diese unterschiedlichen Gefühle können dann im richtigen Moment artikuliert werden.

117 Marshall B. Rosenberg: Gewaltfreie Kommunikation. Eine Sprache des Lebens. Junfermann Verlag, 2016, S. 43.

Empfindungen, die auftauchen können, wenn bestimmte Bedürfnisse erfüllt werden:[118]

abenteuerlustig	energisch	hellwach	sicher
angenehm	enthusiastisch	herzlich	sich freuen
angeregt	entlastet	hingegeben	souverän
aufgeblüht	entschlossen	hocherfreut	strahlend
aufgedreht	entspannt	hoffnungsvoll	stolz
aufgeregt	entzückt	inspiriert	teilnahmsvoll
aufgemuntert	empfindsam	interessiert	überglücklich
aufgeschlossen	erfreut	jubelnd	unbekümmert
aufgeweckt	erfrischt	klar	unbeschwert
aufmerksam	ergriffen	konzentriert	unbesorgt
ausgeglichen	erleichtert	kreativ	tatkräftig
ausgeruht	ermutigt	lebendig	verblüfft
befreit	erquickt	leicht	vergnügt
befriedigt	erregt	leidenschaftlich	verliebt
begeistert	erstaunt	liebevoll	versichert
behaglich	erwartungsvoll	locker	vertrauensvoll
belebt	fasziniert	lustig	verzaubert
belustigt	frei	Lust haben	voller Bewunderung
berauscht	freund(schaft)lich	mitfühlend	Lebenslust
bereichert	friedlich	mit Liebe erfüllt	Wertschätzung
beruhigt	fröhlich	motiviert	warmherzig
berührt	froh	munter	wach(sam)
besänftigt	gebannt	mutig	wohlgemut
beschaulich	gefasst	nah	wohl(ig)
beschwingt	gelassen	neugierig	wohlwollend
beteiligt	gelöst	nüchtern	zart
bewegt	gespannt	offen(herzig)	zärtlich
bezaubert	gerührt	optimistisch	zentriert
dankbar	gesammelt	ruhig	zufrieden
eifrig	geschützt	sanft	zugeneigt
einbezogen	getröstet	satt	zutraulich
ehrfürchtig	glücklich	schwungvoll	zuversichtlich
ekstatisch	gutgelaunt	selbstsicher	

118 https://www.lichtkreis.at/wissenswelten/gfk-sprache-des-lebens/gfk-listen-wortübungen/ (abgerufen am 09.11.2020).

Gefühle, die auftauchen können, wenn bestimmte Bedürfnisse nicht erfüllt werden:

abgeneigt
abgeschlagen
abgespannt
Adrenalinstoß
alarmiert
allein
angeekelt
angeödet
angespannt
angewidert
ängstlich
apathisch
ärgerlich
argwöhnisch
auf Tiefpunkt
aufgeregt
aufgewühlt
aus der Fassung
ausgehungert
ausgelaugt
außer mir
bedrückt
beeinträchtigt
beklommen
bekümmert
beleidigt
beschämt
besorgt
bestürzt
betroffen
betrübt
bitter
blockiert
enttäuscht
entwaffnet
erbost
ermüdet
ernüchtert
erregt
erschlagen
erschöpft
erschreckt
erschüttert
erstarrt
fassungslos
faul
finster
frustriert
furchtsam
geängstigt
gebrochenes Herz
gefühllos
gehemmt
gekränkt
geladen
gelähmt
gelangweilt
genervt
gequält
gerädert
gereizt
gestresst
gleichgültig
grollend
hasserfüllt
Herz schwer
lethargisch
lustlos
melancholisch
misstrauisch
mittellos
müde
mürrisch
mutlos
nervös
niedergeschlagen
ohnmächtig
panisch
passiv
peinlich berührt
perplex
pessimistisch
rachsüchtig
rasend vor Wut
ruhelos
satt haben
sauer
scheu
schläfrig
schlapp
schlecht
schmerzhaft
schockiert
schüchtern
schwach
schwankend
schwer
schwerfällig
seelenwund
überdrüssig
überlastet
überrascht
übersättigt
überwältigt
unbehaglich
unentschlossen
ungeduldig
ungläubig
unglücklich
unruhig
unsicher
unter Druck
unwohl
unzufrieden
verängstigt
verärgert
verbittert
verdrießlich
verdrossen
verlegen
verletzlich
verletzt
verloren
verschlossen
verschwiegen
verspannt
verstimmt
verstört
verunsichert
verwirrt
verzweifelt
voller Abneigung

depressiv	hilflos	sehnsüchtig	widerwillig
deprimiert	hin- und hergerissen	skeptisch	wütend
die Nase voll	in Panik	sorgenvoll	zaghaft
dumpf	irritiert	sprachlos	zappelig
durcheinander	kalt	starr	zerbrechlich
dürstend	kaputt	still	zerrissen
eifersüchtig	Kloß im Hals	streitlustig	zerschlagen
einsam	kribbelig	stutzig	zitternd
elend	kummervoll	teilnahmslos	zögerlich
empört	lasch	träge	zornig
energielos	leblos	traurig	zwiespältig
entrüstet	leiderfüllt		

Wird **Wahrnehmung** und **Wirkung** berücksichtigt, kann das Feedback wie folgt aussehen:

»Peter, mir ist aufgefallen, dass du an den Tagen der letzten drei Retrospektiven jeweils einen Tag Urlaub eingereicht hast. Das macht mich wütend, weil ich jeweils vorher eine Abfrage gemacht hatte, wann alle Zeit haben.«

Neben der Beobachtung hat die feedbackgebende Person das entsprechende Gefühl artikuliert, das durch Peters Verhalten aufgekommen ist.

Wichtig ist nun, einen lösungsorientierten, auf die Zukunft gerichteten Wunsch zu äußern.

3. Wunsch

Nachdem die Wahrnehmung und die Wirkung beschrieben wurden, fehlt für ein stimmiges Feedback ein zukunfts- und lösungsorientierter Wunsch.

Dabei ist es auf der einen Seite wesentlich, konkret zu werden, und auf der anderen Seite müssen Feedbacknehmende einen Handlungsspielraum haben, damit sie der Wunsch nicht zu sehr einengt und in eine defensive Haltung zwingt. Darum kann es hilfreich sein, den Wunsch als Frage zu formulieren:

»Lieber Peter, mir ist aufgefallen, dass du an den Tagen der letzten drei Retrospektiven jeweils einen Tag Urlaub eingereicht hast. Das verärgert mich, weil ich jeweils vorher eine Abfrage gemacht hatte, wann alle Zeit haben. Da ich den Wunsch habe, dass alle dabei sind, würde ich gerne von dir wissen, was ich tun kann, damit du bei der nächsten Retrospektive dabei bist.«

Neben den WWW-Regeln gibt es wichtige **Hinweise für das Empfangen von Feedback**:

- aktives Zuhören (mit dem Kopf nicken, Zuhörgeräusche machen)
- Rückfragen stellen (Habe ich das richtig verstanden?)
- zusammenfassen (paraphrasieren, die drei wichtigsten Punkte nennen)

Die wichtigste Regel für das Nehmen von Feedback ist, sich nicht zu rechtfertigen, zu verteidigen oder in eine ausgedehnte Erklärung zu fallen, warum man sich so oder so verhalten hat. Eine ablehnende Haltung könnte feedbackgebende Personen davon abhalten, ein weiteres Mal Feedback zu geben. Und das wäre fatal für die kontinuierliche Weiterentwicklung. Die feedbacknehmende Person bedankt sich nach der Rückmeldung für das wertschätzende Feedback und hat nun die Möglichkeit, in die Reflexion zu gehen. Schließlich sind Feedbacknehmende bei unberechtigten Rückmeldungen nicht verpflichtet, den Wunsch von Feedbackgebenden zu erfüllen oder deren Bedürfnisse zu befriedigen.

! **Feedback reflektieren**

Geschenke müssen nicht angenommen werden.

Selbstorganisierte Teams geben sich regelmäßig Feedback und fordern Feedback aktiv ein. Das macht das Nehmen von Feedback einfacher und gibt eine Struktur, in der sich das ganze Team kontinuierlich weiterentwickeln kann. Verschiedene Methoden zum Geben von sowohl positivem als auch konstruktivem Feedback werden in Kapitel 6.4 »Workhacks zum Geben und Nehmen von Feedback« näher beleuchtet.

5.12 Regeln

Auch in einem selbstorganisierten Team sind gemeinsam formulierte Leitlinien von entscheidender Bedeutung, um Unsicherheiten in der Zusammenarbeit zu vermeiden. Deshalb gibt es transparente, sinnvolle Rahmenvereinbarungen, auf die sich das Team berufen kann, wenn es mal holprig wird. Gemeinsame Vereinbarungen sind für das selbstorganisierte Team wie das Antiblockiersystem (ABS) in einem Auto. Normalerweise braucht man es nicht, kommt man allerdings mal ins Schlingern, hilft es einem wieder zurück auf die Spur. Grundsätzlich geben sich selbstorganisierte Teams die Regeln selbst.

Organisationsweite Leitsätze und individuelle Teamregeln !

Selbstverständlich gibt es generelle Grundsätze für die gesamte Organisation wie zum Beispiel die Vision, es gibt allerdings keine Instanz, die top-down Regeln für eine individuell gelingende Teamzusammenarbeit vorgibt.

Darum ist es entscheidend, dass alle Teammitglieder gleichermaßen dabei sind, wenn Leitsätze für das Team vereinbart werden. Man könnte sich einmal selbst fragen, welche Regeln man am liebsten befolgt: die eigenen oder Regeln, die jemand anders für einen aufgestellt hat. Bei den Leitlinien handelt es sich nicht um Vorschriften, wie einzelne Teammitglieder ihre jeweilige Tätigkeit ausführen sollen, sondern um grundsätzliche Vereinbarungen, die für das gesamte Team gelten und sich auf die gemeinsame Zusammenarbeit auswirken. Regelmäßig kommen die Leitsätze auf den Prüfstand und es können jederzeit neue Vereinbarungen dazukommen. Dabei sind folgende Dimensionen von besonderer Bedeutung, die hier lediglich exemplarisch vorgestellt werden sollen – schließlich muss jedes Team selbst entscheiden, ob, welche und wie viele Leitsätze für es individuell Sinn ergeben.

Leitsätze

Kommunikation:

- Wir kommunizieren offen, klar und direkt miteinander.
- Alle Fragen sind willkommen.
- Wir nehmen uns Zeit, um über wichtige Themen zu reden.
- ...

Lernen:

- Wir treffen uns regelmäßig gemeinsam im Team, um voneinander zu lernen.
- Wir bilden uns kontinuierlich weiter.
- Wertvolles Wissen geben wir an alle Teammitglieder weiter.
- ...

Fehler:

- Fehler werden passieren. Niemand ist perfekt.
- Fehler werden nicht als Risiko, sondern als Chance zum Lernen gesehen.
- Wir teilen unsere gemachten Fehler im Team, damit wir alle daraus lernen können.
- ...

Authentizität:

- Jedes Teammitglied darf so sein, wie sie oder er ist.
- Wir setzen uns bei der Arbeit keine imaginäre Maske auf.
- Mit einzelnen Marotten gehen wir verständnisvoll um.
- ...

Feedback:

- Wir fordern regelmäßig Rückmeldungen von unterschiedlichen Teammitgliedern ein.
- Wir geben direktes Feedback, wenn uns etwas auf der Seele liegt.
- Das Feedback enthält mindestens die drei Punkte: Wahrnehmung, Wirkung und Wunsch.
- ...

Konflikte:

- Für eine echte Harmonie werden Konflikte gelöst.
- Schwelende Konflikte sollen vermieden werden.
- Wir sprechen gefühlte Konflikte unverzüglich an und gehen professionell damit um.
- ...

Während die Dimensionen Mindset, Struktur, Rollen, Ziele, Prozesse, Arbeitsort, Arbeitszeit, Gehalt, Entscheidungen, Konflikte, Feedback und Regeln eine mögliche Architektur selbstorganisierter Teams beschreiben, werden im nächsten Kapitel »Selbstorganisation mit Workhacks« minimalinvasive Methoden vorgestellt, die Teams dabei helfen, ihren Arbeitsalltag ohne hierarchische Führung zu organisieren.

6 Selbstorganisation mit Workhacks

Workhacks haben ihren Ursprung bei den sogenannten Lifehacks, die durch die Zusammenführung der Wörter »life« und »hack« im Jahr 2004 bekannt wurden. Lifehacks sind Lebenskniffe, die sich auf Unwägbarkeiten, Strategien oder Tätigkeiten des Lebens beziehen.[119] Sie dienen dazu, ein Problem zu lösen, das Ziel auf eine ungewöhnliche Weise zu erreichen oder die Effektivität zu erhöhen, immer mit dem Ziel, den Alltag zu erleichtern. 2005 wurde das Wort »Lifehack« schließlich zum zweitnützlichsten Wort des Jahres gekürt.[120]

Workhacks sollen im Gegensatz zu den Lifehacks nicht den privaten, sondern den beruflichen Alltag innerhalb der Zusammenarbeit von agilen Teams erleichtern. Lydia Schültken definiert Workhacks in ihrem gleichnamigen Buch beispielsweise wie folgt:

Workhacks !

»Workhacks sind eine Revolution. Eine leise Revolution. Als minimalinvasive Eingriffe in die Zusammenarbeit und die Organisation von Teams entfalten sie mehr Wirkung als jedes verordnete Change-Programm. Agil, selbstbestimmt und nachhaltig.«[121]

Workhacks können agile Teams optimal dabei unterstützen, sich selbst zu organisieren, wenn beispielsweise durch den Wegfall von formeller, hierarchischer Führung ein Vakuum entsteht. Durch den Einsatz von Workhacks werden beispielsweise

- die Empathie und Achtsamkeit von Teammitgliedern,
- der Fokus auf Lösungen,
- die Kommunikation innerhalb von Teams und der Organisation,
- die Transparenz von Teamwork,
- die Stärken von Teammitgliedern,
- die Effizienz von Prozessschritten sowie
- die Geschwindigkeit und Akzeptanz von Entscheidungen

spürbar erhöht.

---

119 https://lifehacker.com/interview-father-of-life-hacks-danny-obrien-36370 (abgerufen am 07.01.2021).
120 www.americandialect.org/Words_of_the_Year_2005.pdf (abgerufen am 07.01.2021).
121 Lydia Schültken: workhacks. Sechs Angriffe auf eingefahrene Arbeitsabläufe. Haufe Verlag, 2017, S. 7.

Zudem können agile Teams, wie zum Beispiel crossfunktionale Scrum-Teams, Workhacks nutzen, um ihr Selbstmanagement kontinuierlich zu optimieren. Workhacks sind im Grunde genommen alle Tools, die nicht zu der üblichen Stellenbeschreibung der Mitarbeitenden gehören, die die Arbeit in selbstorganisierten Teams allerdings in irgendeiner Form verbessern oder einfacher machen und darüber hinaus zeitsparend eingesetzt werden können.

Bei der Verbreitung und Anwendung der Workhacks geht es um Kooperation und nicht um Konkurrenz zueinander. Je mehr Organisationen, Teams und schließlich einzelne Mitarbeitende diese Tools einsetzen und ihre Erfahrungen mit anderen teilen, desto schneller kommen wir an das Ziel, für viele Teams eine stimmige, wertschätzende und größtenteils selbstorganisierte Zusammenarbeit zu ermöglichen.

Der Einsatz von Workhacks beruht dabei auf vier Prinzipien:

1. »*Workhacks* verändern Arbeitsabläufe, brechen eingefahrene Routinen auf, ohne dabei irreparable Schäden zu hinterlassen. Sie ermutigen Teams zu mehr Selbstverantwortung, Effektivität, Innovation und manchmal nur zu besserer Zusammenarbeit.
2. *Workhacks* werden nicht von oben angeordnet. Jedes Team und jede Abteilung kann die Veränderung für sich entscheiden – statt Befehlsverweigerung zu provozieren, machen workhacks Lust auf Veränderung.
3. *Workhacks* werden als Experimente eingeführt und konsequent abgeschafft, wenn sie nicht hilfreich sind. Sie werden aber auch konsequent weitergeführt, wenn sie hilfreich sind.
4. *Workhacks* können schnell eingeführt werden – ohne langwierige Vorstandsentscheide, ohne Soll-Ist-Analysen, ohne systemische Strategieberatung. Sie sind praktisch und intelligent zugleich.«[122]

In der Vergangenheit konnten bereits viele agile Teams durch den Einsatz von Workhacks ihre Zusammenarbeit signifikant verbessern. Je nach individuellem Bedarf konnten sie an den Dimensionen Zwischenmenschlichkeit, Zusammenarbeit, Treffen von Entscheidungen, Geben und Nehmen von Feedback und effizientere Arbeitsweise arbeiten. Dazu nahmen die Teams an Workshops und Seminaren teil, in denen

122 Lydia Schültken: workhacks. Sechs Angriffe auf eingefahrene Arbeitsabläufe. Haufe Verlag, 2017, S. 9.

sie viele Erfahrungen sammeln konnten, die bei der Integration der Tools in den Berufsalltag berücksichtigt werden können:

- Workhacks sind keine Selbstläufer, eine begleitende Einführung ist daher von entscheidender Bedeutung.
- Probieren geht über Studieren. Also raus aus der Komfortzone und einfach machen.
- Experimentieren und immer wieder anpassen sollte zur Gewohnheit werden. Siehe auch Kapitel 5.5.1 »PDCA-Zyklus«.
- Feedback von den Teilnehmenden einzuholen hilft, Workhacks kontinuierlich zu optimieren und die Integration der Workhacks in den Berufsalltag zu erleichtern.
- Nicht alle Workhacks auf einmal in den Berufsalltag integrieren. Ein sukzessiver und punktueller Einsatz ergibt für viele Mitarbeitende mehr Sinn.

Mittlerweile gibt es unzählige Workhacks, die dynamisch und in Eigenregie der Teams individuell angepasst und weiterentwickelt werden. Im Folgenden werden daher 20 Workhacks beschrieben, die sich für die Selbstorganisation bereits bewährt haben und auf die jedes agile Team ohne viel Bürokratie zurückgreifen kann. Dabei wird in fünf Kategorien unterschieden, um zügig sichtbar zu machen, welche Workhacks zu welchen Herausforderungen am besten passen:

1. mehr Zwischenmenschlichkeit
2. bessere Zusammenarbeit
3. Treffen von Entscheidungen
4. Geben und Nehmen von Feedback
5. effizienteres Arbeiten

6.1 Workhacks für mehr Zwischenmenschlichkeit

Es soll Teams geben, in denen Konflikte an der Tagesordnung sind. Konflikte, die sich jahrelang aufgestaut haben, Konflikte, die plötzlich aus heiterem Himmel über einen hereinbrechen, oder auch Konflikte, die jedes Teammitglied kennt und die stets wie ein dichter Nebel durch die Büros wabern. Konflikte, die niemand ansprechen möchte, um vermeintlich Schlimmeres zu vermeiden – oder auch, weil die Frustration gesiegt hat und die Energie für den nötigen Mut, Probleme anzusprechen, aufgebraucht ist.

Wie kann die Energie aber nun wieder aufgetankt werden? Welche Werkzeuge gibt es, die es einem leichter machen, destruktives Verhalten anzusprechen? Oder wie können wir im Team schwelende Konflikte gar nicht erst entstehen lassen, da wir alle achtsamer und respektvoller miteinander umgehen und positives sowie negatives Verhalten frühzeitig würdigen? Diese Fragen können selbstverständlich in Workshops und Seminaren beantwortet werden. Eine alternative Möglichkeit besteht darin, mit den Workhacks »Star der Woche«, »Die stille Minute«, »Check-in« und »Improtheater« minimalinvasiv und schnell den Zugang zu mehr Zwischenmenschlichkeit zu erhalten.

6.1.1 Star der Woche

Der Workhack »Star der Woche« erhöht den Fokus auf außergewöhnliche Verdienste der Teamkolleginnen und -kollegen, indem jede Woche ein Teammitglied aufgrund seiner oder ihrer herausragenden Leistung gekürt wird. Nach und nach wird dadurch das Bild von einzelnen Tätigkeiten im Rahmen der verschiedenen Funktionen im Team deutlicher.

Herausforderungen:

- Vorher durch Führungskräfte extrinsisch motivierte Mitarbeitende wünschen sich einen Ersatz.
- Das Gefühl der Wertschätzung soll bei herausragenden Tätigkeiten gestärkt werden.
- Leistungen Einzelner sind unbekannt und werden nicht richtig gewürdigt.
- Es fehlt an grundsätzlicher Anerkennung durch Kolleginnen und Kollegen.
- Der Fokus auf besonders gute Leistungen ist im Team gering.

In hierarchisch geführten Teams haben Führungskräfte oftmals die Rolle des »motivierenden Leaders« übernommen. Durch den Wegfall von leitenden Angestellten verspüren manche Teammitglieder ein Verlangen nach Ersatz. Das Bedürfnis nach Anerkennung und Wertschätzung fällt in selbstorganisierten Teams nicht weg. Die

Befriedigung muss nun allerdings durch Kolleginnen und Kollegen erfolgen, die sich mit den zum Teil herausragenden Tätigkeiten ihrer Teammitglieder noch nicht beschäftigt haben. Insbesondere in crossfunktionalen Teams ist es oft schwer für Mitarbeitende anderer Aufgabengebiete, besonders gute Leistungen ihrer Kolleginnen und Kollegen zu erkennen. Schließlich sind ihnen zahlreiche Tätigkeiten noch fremd, was eine entsprechende Würdigung oftmals schwierig macht.

Um zum Star der Woche gekürt zu werden, muss das Teammitglied von irgendeiner Person aus dem Unternehmen nominiert werden. Dafür reicht ein Dreizeiler an das gesamte Team. Zu jeder wöchentlichen Teamsitzung oder »Teamstehung« werden die außergewöhnlichen Verdienste aller Nominierten durch die moderierende Person vor versammelter Mannschaft vorgelesen und entsprechend wertgeschätzt. Das Team wählt nun den Star der Woche, wobei jedes Teammitglied gleichermaßen eine Stimme hat. Der Gewählte erhält nach der Abstimmung einen Applaus und einen selbst gebastelten oder digitalen Wanderpokal. Optional kann auch ein Bild vom Star der Woche in seinem oder ihrem Büro aufgehängt oder im Team-Chat gepostet werden.

Wesentlich für die Wahl zum Star der Woche sind allerdings explizit nicht die monetären Kennzahlen – für den Fall, dass es sich um ein selbstorganisiertes Vertriebsteam handelt. Im Fokus liegen außerordentliche Verdienste, die zum Wohl des Teams beigetragen haben. Das könnte eine außergewöhnlich hohe Hilfsbereitschaft sein, eine innovative Idee oder einfach ein außerordentlich schmackhafter Kuchen, den ein Teammitglied zum Verzehr mitgebracht hat.

Zusammenfassung

- Eine Person aus der Organisation nominiert ein Teammitglied für den »Star der Woche«.
- Die Nominierung erfolgt durch einen Dreizeiler mit einer Begründung an das Team.
- Im wöchentlichen Teammeeting werden außergewöhnliche Verdienste vorgelesen und wertgeschätzt.
- Danach stimmt das Team über den Star der Woche ab.
- Die oder der Gekürte erhält Applaus und einen Wanderpokal.

6.1.2 Die stille Minute

In dem einfachsten Workhack der Welt übt sich das Team eine Minute lang in vollkommener Stille.

Herausforderungen:

- Mitarbeitende sind stressbedingt unachtsam.
- Eine erhöhte Unaufmerksamkeit macht Teamsitzungen ineffizient.
- Bei Denkaufgaben haben Teammitglieder Schwierigkeiten, den Fokus für eine längere Zeit zu halten.
- Das gedankliche Pendeln zwischen Vergangenheit und Zukunft soll reduziert werden.
- Manche Teammitglieder besitzen wenig Empathie.

Vom 3. bis zum 12. November 2018 lebte ich im Rahmen eines Schweige-Retreats zehn Tage lang im *Tushita Meditation Centre* in McLeod Ganj, das am Fuße der ersten hohen Himalaya-Kette in Indien liegt. In dem buddhistischen Meditationscenter hatte ich vorranging das Ziel, mich selbst besser kennenzulernen und die Lehren Buddhas zu studieren. »Retreat« hieß in diesem Kontext: Wissen aus dem Kopf reduzieren und Wissen aus dem Herzen erhöhen. Schließlich pendeln unsere Gedanken pausenlos zwischen der Vergangenheit und der Zukunft hin und her, sodass wir kaum noch in der Lage sind, das Hier und Jetzt wahrzunehmen, das in meinen Augen das Herz symbolisiert.

Neben den täglichen Achtsamkeitsübungen lernte ich dort sehr viel über den Buddhismus und die verschiedenen Arten und Formen der Meditation. Wovon ich in McLeod Ganj allerdings das erste Mal gehört hatte, war das Thema Corporate Mindfulness, von dem Glen Svensson, Australier und einer der Dozenten im *Tushita Meditation Centre*, erzählte. Der Begriff »Corporate Mindfulness« meint in dem Zusammenhang Seminare, Trainings und Workshops zum Thema Achtsamkeit, die Svensson innerhalb von Organisationen durchführt. Er hilft damit Unternehmen, das Thema Achtsamkeit in der Belegschaft zu kultivieren. Viele Organisationen bieten ihren Mitarbeitenden Schulungen und Seminare zum Thema Resilienz an. Dieses Format soll die psychische Widerstandskraft der Mitarbeitenden erhöhen und genauso wie Corporate Mindfulness Stress auslösende Faktoren reduzieren.

Insbesondere für die Zwischenmenschlichkeit ist es im beruflichen Alltag wesentlich, dass negativer Stress reduziert wird, da in meinen Augen die meisten destruktiven Konflikte erst durch Stress und Unachtsamkeit entstehen. Zudem beeinträchtigt Multitasking die geistigen Fähigkeiten stärker als der Konsum von Marihuana.[123] Der Workhack »Die stille Minute« ist einer der wichtigsten für mich, um einer Konzentrationsschwäche vorzubeugen. Er dient als Basis funktionierender zwischenmenschlicher Beziehungen und einer effizienteren Arbeitsweise. Aus eigener Erfahrung kann ich berichten, dass ich nach einer morgendlichen Achtsamkeitsübung Tätigkeiten eher konzentriert und sukzessive als unaufmerksam und gleichzeitig verrichtet habe.

Für das grundsätzliche Verständnis ist es wichtig zu wissen, welche Möglichkeiten der Meditation es gibt und welche Achtsamkeitsübungen sich für den Workhack anbieten. Gelernt habe ich im Tushita Meditation Centre insbesondere drei Meditationsarten, die im Folgenden beschrieben werden:

- Bei der **aufmerksamkeitsfokussierenden Meditation** wird der Fokus kontinuierlich auf zum Beispiel den Atem gelegt. Diese Art der Meditation eignet sich aufgrund der einfachen Durchführung besonders gut für den Workhack.
- Die **distanziert beobachtende Meditation** legt den Schwerpunkt auf die anstrengungslose und bewusste Wahrnehmung sensorischer, kognitiver oder emotionaler Prozesse.
- Die **geführte Meditation** ist sinnvoll, wenn Beschäftigte noch wenig bis gar keine Erfahrungen mit Meditationen gesammelt haben. Bei der geführten Meditation werden Mitarbeitende angeleitet, sich bestimmte Bilder vorzustellen, damit sie in eine entspannte innere Haltung kommen können.

Am Anfang werden aufkommende Gedanken den Fokus auf die Atmung immer wieder ablenken. Daher ist es für den Anfang sinnvoll, wenn eine moderierende Person den Workhack »Die stille Minute« einleitet und beispielsweise die »Eine-Minute-Meditation« von Kohtes und Rosmann langsam vorliest:

---

123 https://www.wiwo.de/erfolg/trends/studie-multitasking-mindert-die-konzentrationsfaehigkeit-seite-2/5571028-2.html (abgerufen am 08.08.2020).

»Nehmen Sie eine aufrechte Körperhaltung ein. Die Schultern sind entspannt, das Kinn ein wenig nach unten geneigt. Schließen Sie die Augen. Atmen Sie tief ein und wieder aus. Richten Sie Ihre Aufmerksamkeit ganz auf den Fluss Ihres Atems. Falls Ihre Gedanken abschweifen, kehren Sie einfach zum Atem zurück. Sie können im Geiste die Atemzüge zählen (von eins bis zehn, dann wieder von vorne beginnen) oder das Ein- und Ausatmen innerlich mit einem stillen ›ein‹ und ›aus‹ begleiten. Eine Minute, in der Sie nichts tun, außer sich selbst zuzuschauen und wahrzunehmen, was ist. Die Wirkung könnte Sie verblüffen, wenn Sie die anfänglichen Widerstände gegen dieses ›Nichts‹ überwunden haben.«[124]

Auch wenn sich ein meditativer Zustand nicht erzwingen lässt, kann man durch solche Übungen Rahmenbedingungen schaffen, in denen dieser Zustand möglich wird. Innerhalb der Meditation werden in der Regel fünf Phasen durchlaufen:

1. Unruhe und Langeweile
2. Entspannung
3. Gleichmut, Achtsamkeit und Fähigkeit, den eigenen Gedanken nicht mehr anzuhaften
4. Klarheit, Wachheit, Verbundenheit, Selbstakzeptanz oder Hingabe
5. Nicht-Dualität: Gedankenstille, Eins-sein, Leere und Grenzenlosigkeit (Nirwana)

Für den Workhack reicht es schon aus, wenn die Teilnehmenden von der Phase eins in die Phase zwei wechseln und sich vor einem Meeting entspannen und infolgedessen fokussiert an wichtigen Themen arbeiten können. Selbst Meditierende mit der längsten Erfahrung und jahrelanger Praxis erreichen die fünfte Phase der Gedankenstille nicht dauerhaft. Das Nirwana zu erreichen ist insbesondere in unserer »westlichen Welt«, in der Stress, Konkurrenz und Konsum vorherrschen, meiner Erfahrung nach nahezu unmöglich.

Daher sollte der Workhack »Die stille Minute« als genereller Einstieg gesehen werden, um Kolleginnen und Kollegen für die Vorteile von Achtsamkeitsübungen zu sensibilisieren. Denn oft werden in Unternehmen die Meditation oder generell Achtsamkeitsübungen als spiritueller Humbug abgetan. Doch wie sieht es in Wirklichkeit aus und was sagt die Wissenschaft dazu?

124 Paul J. Kohtes / Nadja Rosmann: Mit Achtsamkeit in Führung. Was Meditation für Unternehmen bringt. Klett-Cotta, 2014, S. 19.

Generell kann konstatiert werden, dass Meditation positive Auswirkungen hat. Aus den Büchern »Die Kraft der Meditation« von Peter Sedlmeier[125] sowie »Mit Achtsamkeit in Führung« von Paul J. Kohtes und Nadja Rosmann[126] möchte ich die in meinen Augen wesentlichsten positiven Auswirkungen von Achtsamkeitsübungen hervorheben. Beispielsweise wurde die Wirksamkeit von Achtsamkeitstraining zur Stressbewältigung anhand von etlichen Studien nachgewiesen. Erwiesen sind demnach eine Verbesserung von

- Wahrnehmung,
- Konzentration und Aufmerksamkeit,
- Gedächtnisleistung,
- Kreativität und
- Empathie.

Zudem wirkt Meditation bei stressassoziierten Erkrankungen wie zum Beispiel

- Bluthochdruck,
- Herz-Kreislauf-Problemen,
- Kopfschmerzen,
- Entzündungskrankheiten,
- Angst und Depressionen sowie
- Schlafproblemen.

Das birgt insbesondere für Unternehmen ein enormes Potenzial, da laut den Studien 20 Prozent der Berufsunfähigkeiten aus stressassoziierten Erkrankungen resultieren. Die Rechnung ist einfach: Wenn Menschen gesünder älter werden, bleiben sie den Organisationen länger erhalten. Achtsamkeitspraktiken stimulieren darüber hinaus die natürliche Fähigkeit des Gehirns, neue Synapsen zu bilden und Neuronen zu generieren. Das fördert wiederum die Fähigkeit, leichter den eigenen Blick auf die Welt zu verändern. In einer Welt, in der wir uns in einem kontinuierlichen Change-Prozess befinden, in der Habitate[127] nicht mehr nur kompliziert, sondern komplex sind, benötigen wir diese Veränderungsfähigkeiten, um Unternehmen auch langfristig dienlich sein zu können.

---

125 Peter Sedlmeier: Die Kraft der Meditation. Was die Wissenschaft darüber weiß. Rowohlt Verlag, 2016, S. 58–121.

126 Paul J. Kohtes / Nadja Rosmann: Mit Achtsamkeit in Führung. Was Meditation für Unternehmen bringt. Klett-Cotta, 2014, S. 34–49.

127 Lebensraum.

Für selbstorganisierte Teams bieten Achtsamkeitstraining und der Workhack »Die stille Minute« noch weitere positive Wirkungen, die insbesondere für die Zwischenmenschlichkeit und die eigenverantwortliche Zusammenarbeit im Team von Bedeutung sind:

- erhöhte Fähigkeit, Verantwortung zu übernehmen
- erhöhte Hilfsbereitschaft
- Herausforderungen werden leichter weggesteckt
- erhöhte Kooperationsbereitschaft
- das Freisetzen kreativer Potenziale

Agile Organisationen und selbstorganisierte Teams, die vom Kunden keine geschönte Kritik, sondern die nackte Wahrheit hören möchten, können sich mit Meditationspraktiken auf eine objektivere Sichtweise einstellen. Denn Achtsamkeit und Meditation schärfen den Blick auf den wahren Moment, auf das, was wirklich gerade geschieht. Kritik und Argumentationsketten folgen eher einer objektiven als einer durch subjektives Empfinden geprägten Wahrnehmung. So kann der Workhack darüber hinaus zu einer sinnvolleren und wahrheitsgetreueren Zusammenarbeit führen.

Zuletzt darf ich noch mal darauf hinweisen, dass Meditation und Achtsamkeitsübungen in Unternehmen als Experiment zu sehen sind – so, wie es die Workhack-Regeln vorsehen. Für viele wird es schwer werden, sich auf den Moment einzulassen, da eine Meditation zunächst Unruhe und Langeweile hervorruft. Daher ist die experimentelle Vorgehensweise mit dem Workhack »Die stille Minute« ein guter Anfang, sich dem Thema zu nähern und es im weiteren Verlauf auszuweiten.

Zusammenfassung

- Vor jeder Sitzung, vor jedem Daily, jedem Weekly, nimmt sich das Team eine Minute in Stille und fokussiert sich auf das Jetzt.
- Dazu ist grundsätzlich nichts weiter nötig, als sich eine Minute lang nur auf die Atmung zu konzentrieren.
- Am Anfang ist es sinnvoll, wenn eine moderierende Person den Workhack »Die stille Minute« moderiert und beispielweise die oben beschriebene »Eine-Minuten-Meditation« vorliest.
- Selbstverständlich können Arten, Zeit und Vorgehen variieren. Am Anfang sollte die Übung allerdings nicht zu lange dauern.
- Grundsätzlich wird zudem empfohlen, regelmäßige Achtsamkeitsübungen in den Tag zu integrieren – beispielsweise jeden Morgen 15 Minuten meditieren.

6.1.3 Check-in

Der Workhack »Check-in« ist nichts weiter als ein kurzer Redebeitrag von allen Teilnehmenden zu Beginn eines Treffens. Beschrieben wird von jedem Teammitglied unter anderem, wie es ihm oder ihr persönlich geht und welche Gefühle damit einhergehen.

Herausforderungen:

- Es wird ausschließlich über berufliche Themen gesprochen.
- In Teamsitzungen gibt es oft Kaltstarts direkt in komplexe Sachthemen.
- Stressige Teamphasen belasten die normale Informationsweitergabe.
- Introvertierte Teammitglieder kommen nur selten zu Wort.
- Teams werden neu zusammengestellt oder es gibt neue Teammitglieder.

Dass Teammitglieder zu Beginn eines Meetings mehr von ihren Gefühlen preisgeben ist deshalb so entscheidend, weil erst durch das Ausdrücken von Gefühlen im Team die nötige Empathie für eine erfolgreiche Zusammenarbeit ermöglicht wird. Wie sollen Kolleginnen und Kollegen Verständnis für meine Aufregung bekommen, wenn sie nicht wissen, dass ich mich über den gestrigen Lottogewinn freue? Das Preisgeben von Gefühlen fällt verkopften Menschen allerdings nicht so leicht wie gefühlvollen Menschen, die die Verbindung zu ihren Gefühlen intensiver wahrnehmen können und wollen. Für stark analytisch denkende Personen sowie Mitarbeitende, die eher introvertiert sind, kann es daher von Vorteil sein, wenn es zu Beginn eines Meetings ein Ritual gibt – wie den Workhack »Check-in«.

Wer am Anfang eines Meetings, Workshops oder Seminars etwas sagt, ist im weiteren Verlauf aktiver dabei, da sich Mitarbeitende schon am Anfang des Treffens selbst durch einen Sprechbeitrag »aktiviert« haben. Zudem gibt es jedem die Gelegenheit, kurz zu berichten, wie die Stimmung heute ist. Niemand kommt immer mit dem gleichen hohen Motivationslevel zur Arbeit. Es ist von Vorteil, wenn die Kolleginnen und Kollegen wissen, wenn es einem heute einmal nicht so gut geht, und sie daher Rücksicht nehmen können. Darüber hinaus gibt es sehr extrovertierten Menschen die Gelegenheit, schnell ihre aufgestauten Gedanken loszuwerden, damit sie sich ab dem Check-in voll und ganz auf das eigentliche Thema konzentrieren können. Introvertierte Menschen wiederum werden ermutigt, auch gleich zu Beginn einen Redebeitrag zu leisten. Das ist sehr wichtig, da sie ansonsten vielleicht gar keine Gelegenheit mehr bekommen, den Einstieg in wichtige Gespräche zu finden. Aus diesem Grund ist es umso wichtiger, dass es für den Check-in, aber auch im weiteren Verlauf des Treffens immer geübte Moderierende gibt oder solche, die es einmal werden wollen. Wie sollten Moderierende vorgehen?

Die Erfahrungen, die ich mit Check-ins sammeln durfte, waren weitestgehend positiv. Insbesondere die Frage »Was gibt es Neues?« bringt bei manchen Kolleginnen und Kollegen viele neue Kompetenzen, Fähigkeiten und Kenntnisse ans Tageslicht, die man vorher nicht für möglich gehalten hätte. Kennst du eigentlich deine Teammitglieder so richtig? Wir alle arbeiten einen großen Teil unseres Lebens mit Kolleginnen und Kollegen zusammen. Oftmals verbringen wir mehr Zeit mit Kolleginnen und Kollegen als mit Familienmitgliedern und Freunden. Doch es gibt immer wieder Situationen, in denen sich Mitarbeitende erst kurz vor der Rente trauen, einmal aus sich herauszukommen und von ihren persönlichen Anliegen und Belangen zu erzählen. Nicht nur einmal habe ich im Nachhinein gedacht: »Wirklich schade, das hätte ein guter Freund oder eine gute Freundin werden können, hätte ich das mal eher gewusst.« Oder ich wäre in der einen oder anderen Situation sensibler gewesen, wenn ich über die Umstände Bescheid gewusst hätte. Gibt man mehr über sich selbst preis, gibt der oder die andere auch mehr über sich preis. Unter anderem kann sich so eine vertrauensvolle Beziehung aufbauen. Um im Team erfolgreich zu sein, ist es von entscheidender Bedeutung, dass man sich zu 100 Prozent auf die Teammitglieder verlassen kann. Und gemeinsam macht es doch mehr Spaß, Erfolge zu feiern.

Der Workhack »Check-in« ist sicherlich kein Allheilmittel. Er kann für Mitarbeitende allerdings ein erster Schritt sein, um sich intensiver zu begegnen und Empathie zu ermöglichen. Am Ende entscheidet das Team, ob dieser Workhack ausprobiert werden soll. Selbstverständlich können die Check-in- Fragen immer mal wieder variieren und es kann mit der Redezeit experimentiert werden – genau so, wie es zum Team passt. Was der Check-in nicht ersetzt, ist eine kontinuierliche, professionell moderierte Retrospektive, auf die im weiteren Verlauf noch in Kapitel 6.2.1 eingegangen wird. Auch ersetzt der Workhack »Check-in« nicht die weitere persönliche Begegnung mit den Kolleginnen und Kollegen. Der informelle Austausch, ob per Videokonferenz, auf dem Flur oder in der Teeküche, ist oftmals ein guter Einstieg, um auch berufliche Fragestellungen oder innovative Ideen zu besprechen, die in formellen Gesprächen fehl am Platz gewesen wären.

Zusammenfassung

- Für jeden wird die Timebox auf eine Minute gestellt.
- Jedes Teammitglied berichtet kurz, wie es ihm oder ihr geht und was es Neues gibt.
- Es geht nicht um berufliche Themen, sondern um Gefühle und Persönliches.
- Wenn Teammitglieder überziehen, wird das Thema wertschätzend auf den Parkplatz gestellt. Am Ende der Sitzung kann das Thema wiederaufgenommen werden.
- Der Workhack »Check-in« ersetzt nicht den informellen Austausch unter Teammitgliedern.

6.1.4 Improvisationstheater

Der Workhack »Improvisationstheater«, kurz »Improtheater«, ist laut Radim Vlcek eine Theatersportart, in der die Akteure kurze Szenen allein durch Zuruf von Vorschlägen der Zuschauer spontan umsetzen.[128] Es geht beim »Improtheater« jedoch nicht nur um das Theaterspielen an sich, sondern um die Übungen im zwischenmenschlichen Bereich.

Herausforderung:

- Geringe Kompetenzen im Bereich der Kommunikation belasten das Team.
- Es gibt zu viele sachorientierte Teammitglieder.

128 Radim Vlcek: Workshop Improvisationstheater. Übungs- und Spielesammlung für Theaterarbeit, Ausdrucksfindung und Gruppendynamik. Auer Verlag, 2009, S. 11.

- Keine oder zu wenig Kreativität im Team macht die Arbeit für viele stumpfsinnig.
- Kreativität ist nicht sichtbar und soll angekurbelt werden.
- Es gibt zu wenig Spaß im Team.

Der Workhack »Improtheater« ist als Workhack im Bereich Zwischenmenschlichkeit wiederzufinden, da sich dadurch die zwischenmenschlichen Fähigkeiten, wie zum Beispiel der Umgang mit Menschen, verbessern.[129] Es gibt sogar schon »Improtheater«-Schulen, die Seminare in den Bereichen Kommunikation und Soft Skills anbieten, um Mitarbeiter in Wirtschaftsunternehmen dahin gehend weiterzuentwickeln.[130]

Als ich auf einer Schulung zum NLP-Practitioner im Jahr 2013 das erste Mal von Improvisationstheater im beruflichen Kontext hörte, war ich sofort Feuer und Flamme. Schwierige zwischenmenschliche Begegnungen mit beruflichem Hintergrund spielerisch zu erproben war für mich ein wesentlicher Schlüssel zum Erfolg. Ob es Konfliktgespräche sind, das Gespräch mit der disziplinarischen Führungskraft oder das Feedbackgespräch im selbstorganisierten Team: Bei einer improvisierten Begegnung kann jedes Gespräch spielerisch trainiert, Feedbackregeln einstudiert oder können oft aufkommende Konflikte analysiert werden.

Außerdem erwerben Mitarbeitende durch diesen Workhack Fähigkeiten zum angemessenen Eingehen und Reagieren auf das Verhalten ihrer Kolleginnen und Kollegen sowie mehr Empathievermögen. Des Weiteren werden beim kollektiven und organisierten Üben im Rahmen des Improtheaters Fähigkeiten im Bereich der Kommunikation und des Problemlösens erworben. Letztlich macht der Workhack »Improtheater« einfach sehr viel Spaß und trägt zur guten Stimmung im Team bei. Wie sollten Moderierende vorgehen?

Hier sind drei Ideen für Aufwärmübungen, die selbstorganisierte Teams bei Bedarf zur eigenen Verwendung nutzen und individuell anpassen können:

1. Um die Teilnehmenden aufzulockern, soll sich das (neu zusammengestellte) Team im Kreis aufstellen und sich gegenseitig einen Ball zuwerfen. Jedes Mal,

---

129 Keith Johnstone: Theaterspiele. Spontanität, Improvisation und Theatersport. Alexander Verlag, 1998, S. 33.

130 https://www.clamotta.de/improschule/personalentwicklung.php, Kölner Improschule (abgerufen am 20.05.2011).

wenn der Ball zu einer Person geworfen wird, soll der Name dieser Person genannt werden. Das wird so lange praktiziert, bis alle Namen bekannt sind. Daraufhin wird der Ball zur Seite gelegt und jedes Teammitglied stellt seinen rechten Nachbarn oder seine rechte Nachbarin vor. Alles andere (Alter, Beruf, Hobbys etc.) soll fantasievoll, aber realitätsnah erfunden werden, um die Kreativität anzukurbeln.
2. Die zweite Übung geht auf die Kontaktphase ein. Alle Teilnehmenden wandern kreuz und quer durch den Raum und schütteln sich je nach Bedarf zur Begrüßung die Hände. Vor jedem Händeschütteln überlegt sich jede Person, wie oft (ein- bis viermal) sie oder er die Hand der anderen Person schütteln möchte, und zieht das dann auch definitiv so durch! Es kann also vorkommen, dass jemand viermal und der Gegenpart nur einmal »schütteln« möchte, was zwangsläufig zu Unstimmigkeiten führt. Das wird so lange durchgeführt, bis sich alle Teilnehmenden mehrmals begrüßt haben. Diese Übung wird deshalb gerne eingesetzt, weil dadurch unter anderem Kontaktängste verringert werden.[131]
3. Bei einer weiteren Übung lauten die Spielregeln wie folgt: Alle Teilnehmenden laufen zunächst einfach durch den Raum. Durch Zuruf der Moderation suchen sich alle Teammitglieder einen »Freund« und einen »Feind« aus, die allerdings nicht laut genannt werden dürfen. Zugleich müssen die Teilnehmenden versuchen, sich so nah wie möglich an den Freund zu heften, während gleichermaßen darauf geachtet werden muss, so weit wie möglich vom Feind entfernt zu sein. Die Situation ergibt folglich ein heilloses Durcheinander. Das Spiel kann mehrmals wiederholt werden.[132]

Im Folgenden werden drei Übungen für die Rubriken Kundenkontakt, Feedbackgespräch und Konfliktgespräch vorgestellt.

Professioneller Kundenkontakt

Da sich Beratende im Gespräch oft auf zwei Dinge gleichzeitig konzentrieren müssen – auf den Kunden und die Dateneingabe in den PC –, empfehle ich unter anderem die Übung »Haushaltstätigkeiten«. Es werden Paare gebildet. Die Teilnehmenden einigen sich dann auf eine Haushaltstätigkeit, die sie dann zusammen pantomimisch durch-

131 Radim Vlcek: Workshop Improvisationstheater. Übungs- und Spielesammlung für Theaterarbeit, Ausdrucksfindung und Gruppendynamik. Auer Verlag, 2009, S. 31.
132 Radim Vlcek: Workshop Improvisationstheater. Übungs- und Spielesammlung für Theaterarbeit, Ausdrucksfindung und Gruppendynamik. Auer Verlag, 2009, S. 34.

führen. Während sie nun zum Beispiel Pizza backen oder abwaschen, sollen sie sich über eine Tätigkeit unterhalten, die nichts mit der Haushaltstätigkeit zu tun hat, wie zum Beispiel das Fußballspiel von gestern oder die neue Diät aus einer Boulevardzeitung.

Geben und Nehmen von Feedback

Bevor die Übung für das Geben und Nehmen von Feedback beschrieben wird, müssen allen die Feedbackregeln bekannt sein. Denn nur wenn die Feedbackregeln eingehalten werden, kann unser Gegenüber die Rückmeldung würdevoll annehmen. Es gibt innerhalb der zwischenmenschlichen Beziehungen gewiss nicht viel, was uns insbesondere im beruflichen Kontext schwerer fällt als ein wertschätzendes, konstruktives und helfendes Feedback auf Augenhöhe. Darum ist es umso wichtiger, entscheidende Regeln einzuhalten, die eine wertvolle Rückmeldung ermöglichen. Schließlich ist es auch unser Wunsch als Feedbackgebender, dass unser Gegenüber die Rückmeldung annehmen kann und infolgedessen einen Veränderungsprozess einleitet.

Die WWW-Regel hilft vielen Menschen, objektives Feedback zu geben. Ausgeschrieben bedeute WWW Wahrnehmung, Wirkung und Wunsch. Möchte ich gerne eine helfende Rückmeldung geben, muss ich meinem Gegenüber so objektiv und wahrheitsgetreu wie möglich mitteilen, was ich **wahrgenommen** habe, damit der/die Feedbacknehmende die Rückmeldung überhaupt erst annehmen kann. Dann ist es von entscheidender Bedeutung, dass ich so gut wie möglich beschreibe, welche **Wirkung** das Wahrgenommene auf mich hat. Um Empathie zu erzeugen, ist es wichtig, dem Gegenüber ein Gefühl zu nennen, das durch die Handlung des Feedbacknehmers entstanden ist. Erst danach kann Verständnis für die Rückmeldung entstehen. Zuletzt möchten Feedbackgebende zukünftig eine positive Veränderung eines Verhaltens erreichen. Darum ist es wesentlich, einen **Wunsch** zu äußern, der sich auf eine zukünftige Handlung bezieht.

Auch wenn es im Hinblick auf eine gewaltfreie Kommunikation noch sehr viel mehr Aspekte gibt, auf die Feedbackgebende und -nehmende achten können, ist das Wichtigste, niemals persönlich zu werden. Menschen sollen nicht ihre individuelle Persönlichkeit verändern, sondern sie werden eingeladen oder ermutigt, an einem vielleicht destruktiven Verhalten zu arbeiten. Bei einem korrekt gegebenen Feedback steht es nun dem Feedbacknehmenden frei, die Rückmeldung anzunehmen oder nicht. Selbstverständlich können Verständnisfragen gestellt werden, eine Rechtfertigung dient allerdings nicht der Findung einer zukunftsorientierten und konstruktiven Lösung.

Da richtiges Feedbackgeben oftmals schwierig ist und Übung verlangt, ist es in meinen Augen sinnvoll, mit positiven Rückmeldungen anzufangen. Es ist auch einfach sehr schön, positive Rückmeldungen zu erhalten, die auf objektiven Beobachtungen beruhen. Achtung: Ein Kompliment ist schön, aber kein Feedback. Der Unterschied zwischen einem Kompliment und Feedback ist der verbundene Wunsch, der mit einem Feedback einhergeht.

Die Übung zum positiven Feedback geht wie folgt: Das Team teilt sich in zwei gleich große Gruppen. Die beiden Gruppen teilen sich auf in einen inneren und einen äußeren Stuhlkreis, sodass sich immer zwei Personen gegenübersitzen. Nun geben die Teammitglieder im inneren Stuhlkreis dem jeweils Gegenübersitzenden ein positives Feedback mit den WWW-Regeln. Nach dem Feedback rückt der äußere Stuhlkreis eine Position weiter und bekommt das nächste positive Feedback, bis alle im äußeren Stuhlkreis von allen im inneren Stuhlkreis eine Rückmeldung erhalten haben. Danach tauscht der innere mit dem äußeren Stuhlkreis die Positionen und das Spiel geht von vorne los, sodass jede Person jedem Teilnehmenden eine Rückmeldung gegeben hat. Dieser minimalinvasive Workhack sollte bei zehn Teammitgliedern auch nicht länger als zehn Minuten dauern, also 30 Sekunden pro Feedback. Hier sind Schnelligkeit und Kreativität gefragt. Letztlich ist vor dem Inhalt die Einhaltung der Feedbackregeln von Bedeutung. Über Videokonferenzen ist diese Übung auch möglich. Dazu muss die einladende Person alle Teilnehmenden in separate Zweier-Sitzungen aufteilen, die sich dann gegenseitig und nacheinander Feedback geben.

Diese Übung kann wöchentlich eingesetzt werden und wird die Stimmung im Team und das Feedbackverhalten nachhaltig verbessern. Wenn Feedbackgeben zur Routine wird, werden die Teammitglieder irgendwann anfangen, selbst konstruktives Feedback zu geben, was einen nachhaltigen Lernprozess zur Folge hat.

Umgang mit Konflikten

Diese Übung macht in meinen Augen besonders viel Spaß, weil hier sehr viel Kreativität, Improvisation und schauspielerisches Können abverlangt wird. Wie es beim

Improvisationstheater üblich ist, bestimmen oft Zuschauende die Parameter der zu spielenden Szene. Auch in dieser Übung gibt es ein zuschauendes Publikum und zwei Schauspielende, die jeweils eine fiktive Rolle einnehmen. Das Publikum bestimmt also die Eckpunkte der Szene, die sich im Folgenden für circa fünf Minuten abspielen soll. Wichtig ist, dass es sich um einen fiktiven Konfliktfall handeln soll, der grundsätzlich auch im realen Berufsleben stattfinden könnte.

Hierzu ein Beispiel: Tina stört ihre Vertretung Günther bei einem wichtigen Telefonat und fragt ihn, ob sie heute früher gehen könne, da sie das wichtige Fußballspiel nicht verpassen möchte. Es entsteht ein Konflikt, der auf der persönlichen Ebene ausgetragen wird, weil Günther auch gerne früher nach Hause möchte. Das hatte er auch schon vor Wochen mit Tina besprochen. Nachdem das Publikum die Rollen und die Situation ausreichend konkretisiert hat, schreibt jedes Teammitglied drei Verhaltensweisen, die in einem Konfliktgespräch kontraproduktiv sind, jeweils auf einen kleinen Zettel. Diese Zettel werden zerknüllt und auf die beiden Schauspielenden aufgeteilt. Folgende Verhaltensweisen könnten in einem Konfliktgespräch aus meiner Sicht kontraproduktiv sein: mit dem Fuß auf den Boden stampfen, ausrasten, nebenbei das Smartphone checken, persönlich werden, verallgemeinern, laut werden, einfach frustriert rausgehen und so weiter. Immer wenn die Schauspielenden nicht mehr wissen, wie sie die Szene weiterspielen sollen, oder einfach bei Bedarf können sie spontan einen Zettel nehmen und die beschriebene Verhaltensweise gekonnt in Szene setzen. Nach spätestens fünf Minuten sollte die Szene abgebrochen und vom Publikum analysiert werden: Wie hätten die Schauspielenden besser reagieren beziehungsweise wie hätte der Konflikt besser gelöst werden können? Was sollte im Konfliktfall vermieden werden? All das sind Fragen, die im Nachgang diskutiert werden können, um einen Lerneffekt zu erzielen.

Auch dieser Workhack kann leicht abgewandelt remote durchgeführt werden, sollte allerdings nie länger als zehn Minuten dauern. Aufgrund des Suchtfaktors kann der Workhack auf wöchentliche Übungen begrenzt oder bei Bedarf in den Feierabend hinein ausgeweitet werden. Denn Improvisationstheater schult nicht nur das zwischenmenschliche Verhalten, es macht darüber hinaus auch noch wahnsinnig viel Freude!

Zusammenfassung

- Zu Beginn des Workhacks sollte es eine Einführung darüber geben, was Improvisationstheater eigentlich ist.
- Dann kann im Team besprochen werden, welches Ziel angestrebt wird. Das Team könnte unter anderem das Anliegen haben, Feedback zu trainieren, Konflikte menschlich zu lösen oder einfach gemeinsam den Teamgeist zu stärken.
- Sinnvoll wären im weiteren Verlauf zwei kleine Warm-up-Übungen, um sich in der neuen unbekannten Situation zurechtzufinden.
- Nach den Aufwärmübungen findet die eigentliche Übung statt, die kreativ variieren kann. Zu den einzelnen Übungen gibt es im Internet zahlreiche Beispiele mit Anleitungen.[133]
- Auch hier ist zu beachten, dass es sich bei den Workhacks um minimalinvasive Eingriffe in die Arbeitswelt handelt. Die Übungen sollten daher insgesamt nicht länger als 15 Minuten dauern.

6.2 Workhacks zur besseren Zusammenarbeit

Viele Teams haben den Wunsch, ihre Zusammenarbeit kontinuierlich zu verbessern. Dazu ist es von enormer Bedeutung, wenn alle Teammitglieder immer wieder ihre Komfortzone verlassen, um der angepeilten individuellen Version des »perfekten« selbstorganisierten Teams immer näher zu kommen.

Teams, die eher problem- und vergangenheitsorientiert sind, werden es mit diesen Workhacks schwer haben, denn es geht immer um die eine Frage: Was können wir wie zukünftig besser machen? Dazu wird der Fokus erst auf das Problem, aber dann auch intensiv auf die Lösung gesetzt. Es wird sich nicht auf die Schwächen, sondern auf die Stärken konzentriert. Diskussionen verlieren sich nicht in Themen von gestern, sondern beziehen sich auf die Zukunft mit dem Ziel, einen Rahmen zu schaffen, in dem eine erfolgreichere und angenehmere Zusammenarbeit gelingen kann. Für eine bessere Zusammenarbeit helfen unter anderem die Workhacks »Retrospektive«, »Team-Newsletter«, »Lösungsorientierung« sowie »Stärken stärken«.

133 www.event-improtheater.de/beispiele.htm (abgerufen am 08.04.2021).

6.2.1 Retrospektive

»Retrospektiven sind Teamtreffen, bei denen es darum geht, aus der Vergangenheit zu lernen. Dazu schauen die Teammitglieder gemeinsam zurück und bewerten, was in der bisherigen Zusammenarbeit gut und was schlecht gelaufen ist, um so Maßnahmen zur Verbesserung zu generieren.«[134]

Herausforderungen:

- Das Team möchte seine Leistung und die Zusammenarbeit kontinuierlich verbessern.
- Es mangelt an Selbstreflexion, Intervision und/oder Supervision.
- Projekte scheitern immer wieder aufgrund unzureichender Zusammenarbeit.
- Aufgaben werden in vereinbarter Zeit nicht erledigt oder dauern zu lange.
- Fehlende Kommunikation und Abstimmung im Team führen zu Missverständnissen und Fehlern.

Als ich mich Anfang Februar 2019 während der Scrum-Master-Ausbildung bei *it-agile* in Hamburg das erste Mal so richtig mit Retrospektiven beschäftigt habe, dachte ich nur: Warum haben wir das nicht schon viel früher gemacht? Seitdem sind Retrospektiven in meinen Augen der wichtigste und vielseitigste Workhack, um die Zusammenarbeit im Team nachhaltig und kontinuierlich zu verbessern.[135]

Auch die Retrospektive gehört zu den minimalinvasiven Workhacks, da lediglich alle zwei Wochen circa eineinhalb Stunden ausreichen, um die Zusammenarbeit im Team

134 https://www.it-agile.de/wissen/agile-teams/retrospektiven/ (abgerufen am 12.08.2020).

135 Vielen herzlichen Dank an dieser Stelle noch mal an Timon Fiddeke, der die Scrum-Master-Schulung geleitet und uns einen wundervollen Einblick in die Welt der Scrum-Events gegeben hat, zu denen unter anderem die Retrospektive zählt. Zusätzlich geht ein großes Dankeschön an Corinna Baldauf, die Erbauerin der wirklich großartigen Internethomepage www.retromat.org, auf der du dir als Moderator/in, Projektleiter/in, Scrum-Master/in oder Agile Coach kostenlos einen zufälligen Ablauf einer Retrospektive generieren lassen kannst. Das spart Zeit und Mühe, wenn man einen kreativen Hänger hat und Inspiration sucht.

kontinuierlich zu verbessern. Diese Voraussetzung ist allerdings entscheidend für den nachhaltigen Erfolg: Das Team muss selbst den Wunsch nach kontinuierlicher Verbesserung haben. Dafür sind die Attribute Offenheit, Klarheit, Mut und Authentizität von entscheidender Bedeutung. Ebenso sind eine professionelle Moderation und eine gute Vorbereitung unabdingbar. Ein öffentlich nicht zugänglicher Raum sollte zur Verfügung stehen sowie genug Stifte, Papier, Karteikärtchen und Klebezettel, damit kein wichtiger Gedanke verloren geht. Flipcharts und Moderationstafeln (Metaplanwände) dürfen auch nicht fehlen, wenn Retrospektiven nicht remote, sondern in Präsenz durchgeführt werden. Für Retrospektiven per Videokonferenz ist eine gute Vorbereitung noch wichtiger, um die Struktur und den roten Faden beizubehalten. Hier eignen sich unter anderem digitale Whiteboards zur kollaborativen Zusammenarbeit innerhalb von Videokonferenzen.

Wie ist das Vorgehen für eine erfolgreiche Retrospektive? Esther Derby und Diana Larsen haben in »Agile Retrospectives« beschrieben, wie innerhalb von fünf Phasen eine Retrospektive durchgeführt werden kann.[136] Diese Struktur wird im Folgenden durch den Check-out ergänzt:

- Intro
- Check-in
- Daten sammeln
- Einsichten gewinnen
- Maßnahmen beschließen
- Check-out

Eine Retrospektive könnte innerhalb von ein bis zwei Stunden wie folgt durchgeführt werden:

Intro

Das Intro ermöglicht Moderierenden, zunächst die Agenda zu präsentieren und noch nicht so erfahrenen Teams den Nutzen von Retrospektiven darzulegen. Da für einen gemeinsamen Einblick in die Teamzusammenarbeit Offenheit und viel Vertrauen vorausgesetzt werden, sollten insbesondere zwei Faktoren schon zu Beginn deutlich hervorgehoben werden: zum einen die oberste Direktive: »Wir gehen davon aus,

136 Ester Derby und Diana Larsen: Agile Retrospectives. Making Good Teams Great. Pragmatic Bookshelf, 2006, S. 4–12.

dass alle Beteiligten zu jedem Zeitpunkt nach bestem Wissen, Gewissen und Kenntnisstand gehandelt haben.«[137] – und zum anderen die Las-Vegas-Regel: »Alles, was im Rahmen der Retrospektive behandelt wird, bleibt auch bei den Teilnehmenden und wird nicht nach außen getragen.« Die Las-Vegas-Regel kann selbstverständlich auch in Teilen aufgehoben werden, wenn alle Teilnehmenden damit einverstanden sind.

Check-in

Der Check-in ist sinnvoll, damit alle Beteiligten sich einmal zu Wort gemeldet haben. Schließlich ist es wichtig, dass auch Kolleginnen und Kollegen, die sonst nicht so viel reden, aktiviert werden und einen guten Einstieg in die Retrospektive bekommen. Insbesondere die ruhigen Beobachtenden liefern erfahrungsgemäß wesentliche Erkenntnisse und tiefe Einblicke in die Zusammenarbeit im Team.

Darüber hinaus bietet der Check-in die Möglichkeit für alle Teammitglieder, allen kurz mitzuteilen, wie es ihnen geht. Es könnte sein, dass Mitarbeitende gerade eine negative Nachricht erhalten haben, krank oder anderweitig schlecht drauf sind. Diese Informationen sind wichtig, damit die anderen Teammitglieder wissen, warum Kolleginnen und Kollegen sich innerhalb der Retrospektive zurückhalten oder nicht hundertprozentig anwesend sind. Hier kann Verständnis aufgebracht werden, wo ansonsten gegebenenfalls Konflikte entstanden wären.

Daten sammeln

Der Punkt »Daten sammeln« erfordert von jedem Einzelnen Mut und den Willen zur Veränderung. Moderierende können durch verschiedene kreative Methoden das Team dazu ermutigen, Punkte zu sammeln. Was ist in der Vergangenheit gut gelaufen? Was ist eher schlecht gelaufen? Welche wichtigen Erkenntnisse wurden gesammelt? Und wo gibt es noch Fragen, die dringend geklärt werden sollten?

Ein Klassiker beim Datensammeln ist das Aufhängen von vier Flipcharts. Auf dem ersten Flipchart wird oben links ein lachender Smiley, auf dem zweiten ein trauriger Smiley, auf dem dritten ein Ausrufezeichen und auf dem vierten ein Fragezeichen aufgemalt. Jedes Teammitglied hat nun 20 Minuten Zeit, in Ruhe und für sich selbst

137 Norman L. Kerth: Project Retrospectives. A Handbook For Team Reviews. Dorset House Publishing, 2001, S. 7.

Antworten auf Klebezetteln zu formulieren und diese jeweils auf die vorbereiteten Flipcharts zu kleben. Es gibt selbstverständlich noch viele andere kreative Möglichkeiten, um möglichst viele gute Daten zu sammeln.[138]

Einsichten gewinnen

Im nächsten Schritt möchte das Team aus den gewonnenen Daten Einsichten gewinnen, die im besten Fall das gesamte Team als wichtig empfindet und emotional bewegt. Darum sind die bereits gesammelten Daten auf den vier Flipcharts zu clustern und dann nach Wichtigkeit zu priorisieren. Somit müssen Teams nicht über jedes, vielleicht in dem Moment eher untergeordnete Thema diskutieren. Clustern heißt in diesem Fall, dass Klebezettel, die vom Inhalt her fast oder komplett identisch sind, zu einer übergeordneten Rubrik zusammengefasst werden. Die drei für das Team wichtigsten Rubriken können ermittelt werden, indem jedes Teammitglied mit drei Klebepunkten abstimmt. Alle Teilnehmenden können ihre drei Klebepunkte entweder komplett einem Themenfeld widmen oder auf verschiedene Rubriken aufteilen. Die drei Themen mit den meisten Punkten gewinnen und werden im Anschluss lösungsorientiert diskutiert. Entscheidend sind hier die Timebox und eine professionelle Moderation. Damit jedes Thema gewürdigt werden kann, sollte die Diskussion pro Thema nicht länger als zehn Minuten dauern. Moderierende könnten beispielsweise fragen, was zukünftig anders gemacht werden kann oder was das Team benötigt, um jene Herausforderung zukünftig optimal meistern zu können.

Anders als bei einer freien Diskussion können Pärchen gebildet werden, die die drei wichtigsten Themen behandeln. Jedes Pärchen kann die Aufgabe bekommen, zu allen drei Rubriken Lösungen und Maßnahmen zu entwickeln, die dann vor dem gesamten Team kurz vorgestellt werden. Hierzu kommt wieder die Timebox (siehe Kapitel 6.5.3) ins Spiel, die jeweils auf eine Minute gestellt wird.

Maßnahmen beschließen

Zum Schluss möchte das Team Maßnahmen beschließen, die von den Pärchen erarbeitet wurden. Dafür ist es wesentlich, dass die vorgestellten Lösungen und

138 Möglichkeiten für Retrospektiven findest du auf www.retromat.org oder aber auch in dem Buch »Retrospektiven in agilen Projekten« von Judith Andresen, das ich an dieser Stelle auch sehr gerne empfehlen möchte. Auch bereits erwähnt wurde das Buch »Agile Retrospectives. Making Good Teams Great« von Esther Derby und Diana Larsen, in dem ebenso viele kreative Beispiele für Retrospektiven beschrieben werden.

Maßnahmen geclustert und bewertet werden. Es werden höchstens drei konkrete Maßnahmen umgesetzt, die die höchste Anzahl an Klebepunkten generieren konnten. Die Maßnahmen werden im Folgenden auf jeweils einem Klebezettel konkretisiert, priorisiert und mit den Namen der Verantwortlichen versehen. Die Klebezettel werden dann transparent auf ein Kanban-Board[139] (siehe Kapitel 6.5.1) übertragen, das aus drei Spalten mit den Überschriften »To do«, »Doing« und »Done« besteht. Die Maßnahmen wandern während ihrer Bearbeitung von »To do« über »Doing« zu »Done«, sodass jederzeit verfolgt werden kann, ob die jeweilige Maßnahme bereits umgesetzt wird oder gegebenenfalls schon erledigt ist.

Check-out

Nachdem die Maßnahmen beschlossen und ins Kanban-Board übertragen wurden, kann der Check-out erfolgen. Hier könnte beispielsweise die Methode »Wetterbericht« helfen, um nach der Retrospektive ein allgemeines Stimmungsbild für das gesamte Team transparent zu machen. Für den »Wetterbericht« malen Moderierende auf einem Flipchart eine Skala von eins bis zehn auf. Die Eins bekommt eine Gewitterwolke, die Zehn eine strahlende Sonne. Jeder bekommt einen Klebepunkt, um die individuelle Stimmung zu dokumentieren und mit einem Satz kurz zu beschreiben. Das Feedback der einzelnen Teilnehmenden wird weder kommentiert noch in irgendeiner Hinsicht bewertet. Lediglich Verständnisfragen sind erlaubt. Die Rückmeldung hilft dem Team, die Retrospektive richtig einzuordnen, und bietet den Moderierenden Potenziale zur stetigen Verbesserung.

Zusammenfassung

- Intro (5 Minuten)
- Check-in (10 Minuten)
- Daten sammeln (20 Minuten)
- Einsichten gewinnen (35 Minuten)
- Maßnahmen vereinbaren (15 Minuten)
- Check-out (5 Minuten)

139 Als »Kanban« (japanisch *kan* = Signal, *ban* = Karte) wird die japanische Version der klassischen To-do-Liste bezeichnet.

6.2.2 Team-Newsletter

Jedes Teammitglied notiert wöchentlich Informationen, die aus ihrer oder seiner Sicht für Mitglieder des Teams oder der Organisation wichtig sind. Alle Informationen werden in dem Workhack »Team-Newsletter« digital und unternehmensweit veröffentlicht.

Herausforderungen:

- In den verschiedenen Teams herrscht Silodenken vor.
- In der Vergangenheit wurden Informationen als Machtinstrument benutzt.
- Selbstorganisierte Teams befinden sich in einem dynamischen Umfeld.
- In der Vergangenheit wurden ungefiltert Informationen an alle gesendet.
- Teammitglieder fühlen sich uninformiert. Das Wir-Gefühl hat Potenzial nach oben.

Transparente Informationen sind das Schmiermittel für eine gute Zusammenarbeit. Insbesondere im Informationszeitalter, in dem viele Unternehmen Wissen als größtes Wirtschaftsgut deklarieren, ist es von entscheidender Bedeutung, wie schnell kritische Informationen an die richtige Adresse gelangen.

Silodenken und Machtausübung durch Zurückhaltung von entscheidenden Informationen können den Prozess der Informationsweiterleitung allerdings massiv blockieren. Auch Organisationen, die in der Vergangenheit ein konkurrierendes Verhalten gefördert haben, werden es mit der gemeinschaftlichen Zurverfügungstellung wichtiger Informationen schwer haben. Das ist allerdings in einem dynamischen Umfeld – wie einer agilen Organisation – einer der wichtigsten, wenn nicht der wichtigste Erfolgsfaktor.

Daher müssen sich selbstorganisierte Teams darüber Gedanken machen, wie der Austausch von Wissen, Erfahrungen und Neuigkeiten gewährleistet werden kann – und das immer mit dem Fokus auf Qualität und Quantität von Informationen. Bei einer Flut von bedeutungslosen Botschaften wäre es nur verständlich, wenn der gewünschte positive Effekt irgendwann ins Negative umschlägt.

Eine Methode für den kontinuierlichen Wissenstransfer ist der Workhack »Team-Newsletter«. Dabei schreibt jedes Teammitglied stichwortartig auf, was aus ihrer oder seiner Sicht wesentliche Informationen für Mitarbeitende der gesamten Organisation sind. Das können beispielsweise allgemeine Erfahrungsberichte, das eigene Profil mit Hinweisen darauf, wobei man am besten unterstützen kann, wichtige Neuigkeiten oder aktuelle Herausforderungen sein. Es kann helfen, wenn sich Teammitglieder einzelne Rubriken zuschreiben, die zu befüllen sind – zum Beispiel: »Unsere größten Herausforderungen in der letzten Woche«, »Star der Woche« oder auch »Unser größter Erfolg«. Hier sind der Kreativität keine Grenzen gesetzt. Die einzelnen Berichte der Teammitglieder werden dann jeweils an den Team-Repräsentierenden gesendet. Die Person, die das Team zurzeit repräsentiert, fasst die Berichte zu einem Team-Newsletter zusammen und stellt diesen wöchentlich in das unternehmensweite Netzwerk. Dort können sich einerseits vorher abwesende Teammitglieder auf den neuesten Stand bringen oder auch Kolleginnen und Kollegen aus anderen Abteilungen informieren. Selbstverständlich kann der »Team-Newsletter« eines jeden Teams abonniert werden. Abonnenten werden zusätzlich in einen E-Mail-Verteiler aufgenommen.

Zusammenfassung

- Jedes Teammitglied notiert wöchentlich Informationen, die aus ihrer oder seiner Sicht für Mitarbeitende des Teams oder der Organisation wichtig sind.
- Um ein einheitliches Auftreten und eine gewisse Struktur zu ermöglichen, kann sich das Team Rubriken ausdenken, die jeweils befüllt werden.
- Die Berichte werden bei der repräsentierenden Person gesammelt und zu einem Team-Newsletter zusammengestellt.
- Der Team-Newsletter wird anschließend in ein unternehmensweites Portal hochgeladen und direkt an Abonnenten verschickt.

6.2.3 Lösungsorientierung

Der Workhack »Lösungsorientierung« ist so einfach wie genial: Eine Skalenabfrage von eins bis zehn fragt den Status quo ab. Beispielweise: »Wie war die Zusammenarbeit der letzten zwei Wochen?« Die zweite Frage sucht nach Antworten, was in dem gewählten Zusammenhang schon gut läuft. Die dritte Frage zielt darauf ab, was geschehen muss, damit sich das Team einen Punkt mehr geben kann.

Herausforderungen:

- Es gibt zu viele Teammitglieder, die es von der Problemebene nicht auf die Lösungsebene schaffen.
- Teammitglieder, die sich eher auf die Vergangenheit als auf die Zukunft konzentrieren, führen zum Entwicklungsstillstand.
- Häufige Leugnung von Problemen lähmt das Team.
- Das Team kommt nicht ins »Doing«.
- Im Team gibt es eine hohe Frustration durch sehr lange Diskussionen.

Wer mit einem Problem zu mir kommt, sollte damit einhergehend eine mögliche Lösung vorschlagen. Und Experten für das Problem sind bekanntlich ja auch Experten für die Lösung. Viele Mitarbeitende kennen mindestens ein Teammitglied, das gerne über mannigfaltige und unüberwindbare Probleme spricht, die uns tagtäglich von der eigentlichen Arbeit abhalten. Es gibt sogar ganze Teams, die stundenlang das Problem analysieren und die Abfahrt nach Lösungshausen verpassen. In Meetings kann dieses Verhalten viel Zeit in Anspruch nehmen, lösungsorientierte Mitarbeitende frustrieren und oftmals auch vom Hölzchen zum Stöckchen führen. Mücken werden zu Elefanten und dann wird aus einem Elefanten plötzlich eine ganze Herde und am nächsten Tag soll die Welt untergehen. Problemorientierte Menschen können einerseits den Teamspirit zerstören – anderseits sprechen sie oft wichtige Probleme an, die sonst nicht gesehen werden. Um nach der Definition des Problems aber die Kurve zu bekommen, muss das gesamte Team achtsam sein und den Fokus nach einer gewissen Zeit auf mögliche Lösungen legen.

Für diese Herausforderung eignet sich der Workhack »Lösungsorientierung«. Denn dieser ist so einfach wie genial. Beispielhaft besteht das fiktive Problem darin, dass ein Team konstant unter Stress leidet und Schwierigkeiten dabei hat, Aufgaben fokussiert und nacheinander abzuarbeiten. Um vom Problem in die Lösung zu kommen, können Moderierende wie folgt vorgehen:

Eine moderierende Person malt eine vertikale Skala von eins bis zehn auf ein Flipchart. Über die Skala wird nun folgende erste Frage geschrieben: »Wie stressig ist euer Arbeitstag auf einer Skala von eins bis zehn?« Dazu geben Moderierende Beispiele auf der Tonspur: »Eins ist so dermaßen stressig, dass die Arbeitslast kaum noch zu ertragen ist. Zehn ist so stressfrei, dass ihr eure Tätigkeiten durchgängig ohne Unterbrechungen und mit viel Ruhe und Gelassenheit ausführen könnt.« Jedes Teammitglied malt oder klebt daraufhin einen Punkt auf die Skala. Der oder die Moderierende errechnet dann den Durchschnitt, beispielsweise fünf, und malt bei der Fünf einen horizontalen Strich auf das Flipchart. Dann wird die zweite Frage gestellt: »Was läuft bisher gut?« Bei dieser Frage fokussieren sich die Teammitglieder bereits auf die positiven Faktoren, die für ein stressfreies Arbeiten zuständig sind. Schließlich wurde die Frage nicht mit eins, sondern mit fünf beantwortet – es muss also auch konstruktive Treiber für weniger Stress geben. Die Antworten werden rechts neben die Skala unter den Strich geschrieben, soweit der Platz nach unten reicht. Die dritte und letzte Frage bezieht sich nun auf die Lösung des Problems: »Was müsste anders sein, damit ihr euch einen Punkt mehr geben könntet?« Hierbei geht es nicht darum, sofort die gesamte Arbeitsweise des Teams zu ändern, sondern iterativ und experimentell vorzugehen. Es wird lediglich gefragt, was anders wäre, wenn der Punkt nicht auf der Fünf, sondern auf der Sechs gelegen hätte. Die Vorgehensweise überfordert nicht, sondern folgt der agilen und minimalinvasiven Methode der Workhacks. Diese Antworten werden nun rechts neben die Skala über den Strich der durchschnittlichen Punktezahl geschrieben, soweit der Platz ausreicht.

In der Folge denkt das Team darüber nach, wie die Lösung des Problems aussehen kann. Je öfter der Workhack angewendet wird, desto eher denkt das Team im Vorhinein und direkt über Lösungen nach.

Zusammenfassung

- Moderierende malen eine vertikale Skala von eins bis zehn auf ein Flipchart.
- Darüber wird eine gute Skalenfrage geschrieben und Beispiele für eins und zehn verbal formuliert.

- Jedes Teammitglied beantwortet die Skalenfrage, indem es einen Punkt auf die Skala malt oder klebt.
- Danach wird der Durchschnitt errechnet, beispielsweise fünf. Rechts neben der Fünf wird ein horizontaler Strich auf das Flipchart gemalt
- Dann wird die zweite Frage gestellt: »Was läuft bisher gut?« Die Antworten werden rechts neben die Skala, unter den Strich geschrieben.
- Schließlich wird die dritte und letzte Frage formuliert: »Was müsste anders sein, damit ihr euch einen Punkt mehr geben könntet?« Diese Antworten werden rechts neben die Skala, über den Strich geschrieben.

6.2.4 Stärken stärken

In dem Workhack »Stärken stärken« werden allen Teammitgliedern ihre individuellen Stärken durch zwei unabhängig voneinander agierende Gruppen valide zugeschrieben.[140]

Herausforderungen:

- Die Freisetzung von Energie wird gestört, da der Fokus auf den Defiziten liegt.
- Die Sinnhaftigkeit der Arbeit ist unklar oder nicht gegeben.
- Aufgaben und Tätigkeiten im Team sind nicht sinnvoll nach den individuellen Fähigkeiten und Kompetenzen der Teammitglieder aufgeteilt.
- Individuelle Stärken im Team sind nicht für jeden bekannt und transparent.
- Das Team wird neu aufgestellt und möchte sich kennenlernen.

140 https://workhacks.de/die-workhacks/staerken-staerken/ (abgerufen am 15.08.2020).

Dass wir den Fokus gerne auf unsere Schwächen legen, finden wir bereits früh in der Schule heraus. Das Kind kommt mit dem Zeugnis freudestrahlend nach Hause. Nur Einsen und Zweien, lediglich in Mathe wurde eine Vier erzielt. Was machen die Eltern? Reflexartige Enttäuschung macht sich breit und das Kind wird zur Rede gestellt, wie es denn zu einer Vier in Mathe kommen konnte. Nach einer langen Diskussion um die Matheleistung wird schließlich eine Nachhilfekraft engagiert, damit das Zeugnis das nächste Mal in Gänze perfekt aussieht. Während der Fokus zu 80 Prozent auf dem Fach Mathematik lag, wurden die anderen guten Leistungen lediglich mit 20 Prozent gewürdigt. Wird das Kind mit dieser Strategie der Eltern nachhaltig Freunde am Lernen entwickeln können? Freude am Lernen und der Fokus auf die individuellen Stärken bringen befriedigende Berufung und Profession – die ständige Auseinandersetzung mit den eigenen Schwächen und das mühevolle Ausgleichen der natürlichen Mängel bringen Frust und höchstens Durchschnittlichkeit.

Auch im Berufsleben setzt sich diese »Schwächenkultur« oftmals wie ein roter Faden fort. Mitarbeitende werden aufgrund ihrer herausragenden Stärken eingestellt und nach Vertragsunterschrift immer wieder auf ihre Schwächen reduziert. Schließlich doktern wir kontinuierlich an unseren Defiziten herum, was uns schlussendlich frustriert und durch den enormen Aufwand an Energie kraftlos und unzufrieden macht. Welch eine Verschwendung von menschlichem Potenzial!

Im Gegensatz zum destruktiven Fokus auf die Schwächen von Mitarbeitenden legt der Workhack »Stärken stärken« das Augenmerk auf die Bewusst- und Transparentmachung der individuellen Stärken aller Teammitglieder. Insbesondere innerhalb selbstorganisierter Teams ist dieser Workhack eine effektive Methode für die bessere Zusammenarbeit, da sich das gesamte Team intensiv mit den individuellen Stärken der einzelnen Kolleginnen und Kollegen beschäftigen muss und so funktionsübergreifende Rollen und Aufgaben stärkenorientiert vergeben werden können.

Dieser Workhack wird durch Moderierende begleitet, die das Team in zwei Gruppen aufteilen. Jede Gruppe identifiziert nun innerhalb von 30 Minuten jeweils fünf Stärken jedes einzelnen Teammitglieds aus der anderen Gruppe und hält die Ergebnisse auf Klebezetteln oder Karteikärtchen fest. Während die einzelnen Stärken sichtbar an die Metaplanwände gehängt werden, wird der jeweilige Name, der den Stärken zugeordnet werden kann, anonymisiert. Im Anschluss werden die Metaplanwände getauscht. Die Herausforderung der beiden Gruppen besteht nun darin, gemeinsam im Dialog innerhalb der einzelnen Gruppen die von der anderen Gruppe aufgeschriebenen Stärken den einzelnen Teammitgliedern zuzuordnen. Nachdem die Zuordnung in beiden Gruppen vollzogen wurde, werden die Namen gruppenweise aufgedeckt und die Ergebnisse begründet. Arbeiten Teams remote zusammen, so teilt sich das Team in zwei Breakoutsessions auf, um sich dort mit entsprechenden virtuellen Whiteboards auszutauschen.

Im Ergebnis haben sich zwei Gruppen unabhängig voneinander mit fünf Stärken jedes einzelnen Kollegen und jeder einzelnen Kollegin auseinandergesetzt. Das positive an der Übung ist, dass jedes Teammitglied im besten Fall von zwei unabhängig voneinander agierenden Gruppen fünf Stärken beglaubigt bekommt, die nun für alle Teilnehmenden ersichtlich und transparent an der (digitalen) Metaplanwand hängen. Oft kann es dazu kommen, dass Mitarbeitende Stärken zugeteilt bekommen, von denen sie selbst noch gar nichts wussten, oder Stärken, die sie selbst als eher unwichtig beurteilt hätten, wobei das Team diese Stärke womöglich als unersetzlich erachtet. Da die Zuteilung der jeweiligen fünf Stärken im Einzelnen begründet wird, kann das für viele Teammitglieder einen enormen Motivationsschub geben, der den Fokus wieder auf das Machbare lenkt, anstatt auf die zahlreichen Defizite, die jeder Mensch zur Genüge hat.

Bei zehn Teammitgliedern sollte die Übung insgesamt nicht länger als eine bis eineinhalb Stunden dauern. Um eine faire Behandlung zu gewährleisten, bei der alle Teammitglieder mit ihren individuellen Stärken geleichermaßen gewürdigt werden, ist auch hier eine professionelle Moderation wesentlich.

Zusammenfassung

- Das Team wird in zwei Gruppen aufgeteilt.
- Jede Gruppe benennt fünf Stärken pro Person der anderen Gruppe und hält diese auf einer (digitalen) Metaplanwand fest.
- Der jeweilige Name zu den Stärken bleibt vorerst anonym.
- Dann werden die Metaplanwände zwischen den Gruppen ausgetauscht.
- Die Aufgabe für jede Gruppe ist nun zu erraten, welche von der anderen Gruppe aufgeschriebenen Stärken welcher Person der eigenen Gruppe zugeordnet werden können.
- Die Ergebnisse werden im großen Team vorgestellt, begründet und diskutiert.

6.3 Workhacks zum Treffen von Entscheidungen

Verhaltensforscher konstatieren, dass wir Menschen am Tag durchschnittlich 20.000 Entscheidungen treffen.[141] Die allermeisten Entscheidungen treffen wir für uns allein, ohne dabei andere Personen einzubeziehen. Es gibt viele Möglichkeiten, Entscheidungen herbeizuführen. Hier können wir zwischen bewussten Kopfentscheidungen und unbewussten sogenannten Bauchentscheidungen unterscheiden. Stehe ich morgens auf oder drücke ich noch mal die Snooze-Taste? Kaffee oder doch mal Tee? Mit Honig oder Zucker?

Während wir Einzelentscheidungen zum größten Teil autonom treffen und darüber hinaus schnell und flexibel wieder ändern können, stehen Teams oftmals vor größeren Herausforderungen, wenn komplizierte oder komplexe Entscheidungen getroffen werden müssen. Menschen, die noch über vertikale Ebenen kommunizieren, fragen sich oft: »Wie können selbstorganisierte Teams Entscheidungen agil, also schnell, flexibel und kundenzentriert treffen?« – und haben große Zweifel, dass das wirklich funktioniert. Hier wird oft argumentiert, dass Führungskräfte (Hierarchie) eine Entscheidung top-down schneller herbeiführen können als selbstorganisierte Teams dezentral und bottom-up (Heterarchie). Zudem würden Entscheidungsfindungen im Team zu viele Konflikte entstehen lassen, die Unruhe stiften und den Fokus auf das Wesentliche verlieren lassen. Weitere ungeklärte Fragen entstehen: »Wie werden Mitarbeiter eingestellt?«, »Was ist bei Pattsituationen?«, »Wer entscheidet über das Gehalt der Kolleginnen und Kollegen?« Bei diesen Herausforderungen müssen wir uns zunächst anschauen, welche Entscheidungswege es grundsätzlich gibt und welche Wege einen nachhaltigeren Erfolg versprechen.

Bei Entscheidungen im Team unterscheiden wir zwischen den Konsent- und Konsensentscheidungen. **Konsens** bedeutet in diesem Kontext, dass die Entscheidung getroffen ist, wenn alle dafür sind. Dieser Weg ist am effektivsten, da bei Ja-Nein-Entscheidungen einfach per Handheben abgestimmt werden kann. Beim **Konsent** ist die Entscheidung allerdings erst dann getroffen, wenn nichts mehr dagegenspricht.[142]

---

141 www.wiwo.de/erfolg/trends/zeitdruck-im-job-20-000-blitzentscheidungen-pro-tag/5445178.html (abgerufen am 30.12.2020).

142 https://s3lf.org/erklaerungen/konsens-und-konsent/ (abgerufen am 30.08.2020).

Insbesondere innerhalb selbstorganisierter Teams spricht viel dafür, den soziokratischen Ansatz der **Konsent**entscheidung zu wählen, da es hier – anders als bei hierarchischen Organisationsstrukturen – keine starren Top-down-Entscheidungen gibt, die nicht alle zum Teil sehr schwerwiegende Einwände berücksichtigen können. Denn:

> »Soziokratie ist eine Organisationsform, mit der Organisationen verschiedener Größe – von der Familie über Unternehmen und NGOs bis zum Staat – konsequent Selbstorganisation umsetzen können. [...] Durch seine Prinzipien wird sichergestellt, dass ein Ignorieren von Spannungen strukturell vermieden wird und im Sinne von gemeinsamen Zielen nachgesteuert wird. Die Mitglieder einer Organisation entwickeln Mitverantwortung kollektiver Intelligenz sowohl für den Erfolg der Organisation als Ganzes als auch für jeden Einzelnen.«[143]

Um kollektive Intelligenz möglich zu machen und dauerhaft sicherzustellen, lautet eines der Basisprinzipien, konsequent Konsent herbeizuführen. Für eine gelingende Soziokratie ist dieses Prinzip eine Grundvoraussetzung.

Beim Konsentprinzip gibt es demnach eine Übereinkunft darüber, dass das Prinzip von »kein schwerwiegender und begründeter Einwand« die Beschlussfassung regiert.

- »Regiert« heißt in diesem Kontext, dass Beschlüsse auch auf andere Weise als per Konsent getroffen werden können. Dafür müssen sich allerdings alle Teammitglieder per Konsent über eine alternative Methode einig werden.
- »Schwerwiegend« bezieht sich hier auf einen zulässigen Toleranzbereich. Nicht alle Risiken können bei einer Entscheidung ausgeschlossen werden. Das bedeutet, dass Teammitglieder nicht jeden Einwand mit zu hohen Risiken begründen können oder mit Einzelmeinungen. Eine Lösung innerhalb des Toleranzbereichs reicht aus, um sie trotzdem umsetzen zu können.
- »Begründet« bedeutet, dass Konsent kein Vetorecht ist. Konsent gibt vielmehr allen betroffenen Mitarbeitenden das Recht, ihren Einwand zu begründen.

143 https://de.wikipedia.org/wiki/Soziokratie (abgerufen am 01.09.2020).

Da bei der Konsententscheidung alle Teammitglieder gehört werden müssen, ist sichergestellt, dass alle wesentlichen Einwände in die Entscheidung integriert werden. Entscheidungen werden im Einverständnis beschlossen und können von allen nachvollzogen und mitgetragen werden.[144]

Im Ergebnis sind Konsententscheidungen für agile Organisationen mit dem Fokus auf qualitative und nachhaltige Aspekte von entscheidender Bedeutung. Insbesondere in komplexen Umgebungen ist es wesentlich, von einer kollektiven Intelligenz zu profitieren. Lösungen, die im Konsent getroffen wurden, stehen auf einem breiteren Fundament und die Wahrscheinlichkeit, dass Mitarbeitende für die Umsetzung der Entscheidung eine höhere Motivation aufbringen, überwiegt gegenüber Top-down-Entscheidungen.

Letztlich sehen wir auch innerhalb traditioneller Unternehmen immer mehr abteilungsübergreifende, interdisziplinäre Teams, die innerhalb von Projekten ohne Führungskräfte Entscheidungen treffen müssen. Auch hier kann es nicht die eine Entscheidung von Führungskräften oder Projektleitenden geben, sondern es müssen Konsens- oder Konsententscheidungen herbeigeführt werden. Sowohl für Konsens- als auch für Konsententscheidungen gibt es zahlreiche Workhacks, die dabei helfen, schnell und flexibel, immer mit dem Blick auf die Kundenbedürfnisse Lösungen zu finden. Im Folgenden werden die Workhacks »Fist to five«, »systemisches Konsensieren«, der »konsultative Einzelentscheid« sowie der »integrative Entscheidungsprozess« vorgestellt.

144 https://soziokratiezentrum.org/ueber-soziokratie/grundlagen-basis-prinzipien/konsent/ (abgerufen am 30.08.2020).

6.3.1 Fist to five

Der Workhack »Fist to five« ermöglicht durch einfaches Fingerheben eine schnelle und unkomplizierte Teamentscheidung.

Herausforderungen:

- Nicht alle Teammitglieder werden in Entscheidungsprozesse eingebunden.
- Nicht alle Teammitglieder haben eine gleichwertige Stimme.
- Bei Entscheidungen herrscht wenig Transparenz.
- Die »Stillen« kommen nicht zu Wort.
- Teamentscheidungen sind langsam und mühselig.

Die »Fist to five«-Entscheidungsmethode hat ihren Ursprung wie so viele andere Methoden in der Softwareentwicklung. Daher kennen viele die Methode auch als »Fist of five«, die die Erreichung eines Konsenses als Ziel hat. Vereinfacht gesagt wird mit dieser Methode zwar ein einfacher Mehrheitsentscheid gesucht, allerdings kann mit »Fist to five« leicht abgewandelt auch eine gute Grundlage für eine Konsententscheidung herbeigeführt werden. Hier ist es nach der Abstimmung wesentlich, dass auch alle Einwände in den Entscheidungsprozess integriert und berücksichtigt werden.

Insbesondere bei wichtigen emotionalen Entscheidungsprozessen ist für den reibungslosen und sachlichen Ablauf eine professionelle Moderation von großer Bedeutung. Auch wenn viele Entscheidungen im Vorhinein eingeplant sind und sich das Team darauf vorbereiten kann, kommt es oft vor, dass es zu spontanen Abstimmungen kommt. Insbesondere dann bietet sich die »Fist to five«-Methode als flexibel und schnell einzusetzender Workhack für die Entscheidungsfindung an. Moderierende greifen die Entscheidungsvorlage auf und leiten gekonnt zur »Fist to five«-Methode über, die wie folgt abläuft:

Zunächst wird die Frage für alle sichtbar auf ein Flipchart geschrieben, damit die Abstimmung für alle nicht anwesenden Teammitglieder im Nachhinein mithilfe eines Fotoprotokolls dokumentiert werden kann. Nun erklärt die Moderatorin oder der Moderator die sechs Handzeichen für die Abstimmung und stellt sicher, dass diese verstanden worden sind. Danach heben alle Betroffenen die Hand und signalisieren ihre Entscheidung beziehungsweise ihre Haltung zu der Fragestellung mit null bis fünf ausgestreckten Fingern:

- Fünf Finger: Ich finde den Vorschlag hervorragend und bin voll dabei.
- Vier Finger: Ich finde den Vorschlag mit kleinen Einschränkungen okay und unterstütze ihn.
- Drei Finger: Ich bin nicht begeistert, habe Einwände, trage den Vorschlag aber mit, damit wir weiterkommen.
- Zwei Finger: Ich bin gar nicht einverstanden, möchte mit meinen Einwänden aber die Entscheidung nicht blockieren.
- Ein Finger: Ich kann nicht mitgehen und möchte die Entscheidung blockieren.
- Fist (Faust): Ich enthalte mich.[145]

Nach der Abstimmung haben in der Regel diejenigen, die fünf Finger und einen Finger angezeigt haben, noch die Zeit, ihre Entscheidung kurz zu begründen. Im Normalfall wird hierdurch ein Konsens geschaffen, wie mit der Fragestellung weiter verfahren werden soll. Letztlich dokumentiert der oder die Moderierende das Ergebnis der Abstimmung auf dem Flipchart und protokolliert die Entscheidung mit einem Fotoprotokoll.

Bei vielen Entscheidungen wird darüber hinaus ein Prozess angestoßen. Hier kann es sinnvoll sein, dass diejenigen, die mit fünf Fingern gestimmt haben, die Verantwortung für die weiteren Schritte übernehmen. Die Verantwortlichen werden genauso wie die aus der Entscheidung resultierenden Aufgaben auf einer To-do-Liste oder dem Kanban-Board festgehalten.

145 https://whatis.techtarget.com/definition/fist-to-five-fist-of-five (abgerufen am 01.09.2020).

Wie bereits beschrieben kann »Fist to five« auch als Basis für die Konsententscheidung dienen. Der entscheidende Unterschied ist, dass der Vorschlag für die Abstimmung im Nachhinein noch verändert werden kann. Dies ist abhängig von der Einwandsbegründung. Wesentlich ist die Schaffung von Zeit und Raum für die Integration der Einwände, die in der Regel von denjenigen eingebracht werden, die nur einen Finger gehoben haben.

Auch hier kommt den Moderierenden wieder eine wichtige Aufgabe zu: den Unterschied zwischen *Einwänden* und *Vorwänden* zu erkennen und zu behandeln. Denn Einwände sind hilfreich und notwendig, damit Lösungen nach der Diskussion qualitativ hochwertiger und nachhaltiger sind. Wer Einwände äußert, ist dem Prozess gegenüber positiv zugewandt und möchte lösungsorientierte Bedenken äußern. Beispiele für Einwände können versteckte Kundenwünsche sein, nicht bedachte Bedürfnisse von Mitarbeitenden oder rechtliche Fallstricke, die den gesamten Prozess scheitern lassen könnten.

Dem gegenüber stehen subjektive Vorwände. Vorwände sind meistens Ausreden, um etwas nicht tun zu müssen. Diese hören sich zwar oft plausibel an, entsprechen aber nicht der objektiven Wahrheit. Von entscheidender Bedeutung ist hier der Eingriff von Moderierenden, die auch bei angesehenen Kolleginnen und Kollegen den Vorwand erkennen und diesen wertschätzend, aber dennoch als irrelevant abriegeln. Vorwände könnten beispielsweise wie folgt aussehen:

- »Das dauert viel zu lange.«
- »Das haben wir aber immer schon so gemacht.«
- »Dafür gibt es schon andere Lösungen.«
- »Wir haben jetzt keine Zeit dafür.«
- »Das andere Team hat die Idee schon vor zwei Wochen abgelehnt.«

Sicherlich kann die Methode »Fist to five« den vorherigen Denkprozess einzelner Mitarbeitender nicht komplett ersetzen, dafür aber eine breite Zustimmung und objektive Gleichwertigkeit im Team erzeugen, die auf Transparenz und klaren Regeln beruht.

Zusammenfassung

- Fünf Finger: Großartige Idee!
- Vier Finger: Das ist eine gute Idee!

- Drei Finger: Ich bin neutral!
- Zwei Finger: Mir gefällt die Idee nicht!
- Ein Finger: Veto! (Achtung: Für einen Konsent müssen nun alle Einwände berücksichtigt werden.)
- Fist (Faust): Ich enthalte mich.

6.3.2 Systemisches Konsensieren

Mit dem Workhack »Systemisches Konsensieren« wird kein einfacher Mehrheitsentscheid gesucht, sondern eine Entscheidung, die am wenigsten Ablehnung hervorruft.

Herausforderungen:

- Nach Mehrheitsentscheidungen ist die Unzufriedenheit im Team hoch.
- Vorschläge werden nach Entscheidungen nicht von allen mitgetragen.
- Es gibt ein hohes Konfliktpotenzial im Team.
- Geringe Motivation durch Top-down-Entscheidungen belastet das Team.
- Entscheidungen sind nicht nachhaltig und werden schnell wieder verworfen.

Ein neunköpfiges, neuerdings selbstorganisiertes Team sitzt zusammen und diskutiert darüber, an welchem Tag die nächste Retrospektive stattfinden soll. Es gibt allerdings eine Vorgabe: Die Retrospektive muss aufgrund der anstehenden Sommerpause zwingend in der kommenden Woche stattfinden. Drei schlagen den kommenden Montag vor, drei den kommenden Dienstag und drei Teammitglieder möchten die Retrospektive gerne am kommenden Freitag abhalten. Es beginnt eine hitzige Diskussion darüber, welcher Tag nun genommen werden soll, und alle beharren auf ihrem individuellen Wunschtag. Schließlich ringt sich das Team zu einer demokratischen Abstimmung durch. Im Ergebnis stimmen drei für Montag, drei für

Dienstag und drei für Freitag. Eine klassische Pattsituation – ein Konflikt ist nahezu vorprogrammiert. Oder gibt es eine andere Lösung, um Konflikte zu reduzieren und eine konsensnahe Entscheidung zu treffen?

Das systemische Konsensieren, auch kurz SK-Prinzip genannt, ist für diese Situationen eine geeignete Methode, mit deren Hilfe am wenigsten Widerstand hervorgerufen wird und somit das geringste Konfliktpotenzial entsteht. Mit Blick auf unser Beispiel wird demnach nicht der Tag mit den meisten Stimmen gesucht, sondern der Tag, der die geringste Ablehnung hervorruft. Für Dr. Erich Visotschnig, Miterfinder des systemischen Konsensierens, ist das Prinzip eine in ein Verfahren gegossene Achtung vor den Mitmenschen.[146] Endstanden ist das SK-Prinzip, als Visotschnig zusammen mit seinen Freunden in Österreich eine neue Schule gründen wollte und immer wieder unerklärliche Konflikte auftraten. Schon nach einem Jahr waren die Fronten zwischen den Mitbegründern so verhärtet, dass Visotschnig und sein Freund Siegfried Schrotta die Ursachen für die Konflikte genauer analysiert haben. Das Ergebnis der Untersuchung war äußerst bemerkenswert, denn es lag nicht an den Menschen, sondern an der gewählten Methode für den Entscheidungsprozess. Denn bei wesentlichen richtungsentscheidenden Fragestellungen gewann immer die Idee, die am Ende der Abstimmung eine Mehrheit aufweisen konnte. Befürworter einer Idee versuchten dementsprechend, Gruppenmitglieder auf ihre Seite zu ziehen und Andersdenkende zu überstimmen. Die Auswirkung war ein Klima der Konkurrenz anstatt Kooperation. Kontrolle herrschte vor einer vertrauensvollen Zusammenarbeit und die Motivation, ein nötiges Maß an Energie für so ein Projekt aufzubringen, sank kontinuierlich. Infolgedessen kam es zu Fronten, Streit, Frust und letztendlich war das Projekt durch Rückzug Einzelner gefährdet. Aus den gemachten Beobachtungen heraus entwickelten Visotschnig und Schrotta schließlich das systemische Konsensieren, das nicht die Lösung der breiten Mehrheit hervorbringt, sondern die Lösung, die den geringsten Widerstand erzeugt.

Der Workhack für menschliche Entscheidungsfindungen nach dem SK-Prinzip verläuft in vier einfachen Phasen. Erfragt wird nicht die Zustimmung, sondern das Ausmaß der Ablehnung[147]:

146 https://www.sk-prinzip.eu/ (abgerufen am 06.09.2020).
147 https://www.partizipation.at/systemisches-konsensieren.html (abgerufen am 06.09.2020).

- Entwicklung einer Fragestellung
- Sammeln von Lösungsvorschlägen
- Bewertungsphase
- Auswertung

Entwicklung einer Fragestellung
Das selbstorganisierte Team möchte eine Entscheidung treffen, die konsensnah von allen Mitgliedern getragen werden kann. Zum Beispiel am Ende eines Bewerbungsprozesses: »Welches neue Teammitglied stellen wir ein?«

Sammeln von Lösungsvorschlägen
In der zweiten Phase werden Lösungsvorschläge gesammelt, wobei nach dem Prinzip des systemischen Konsensierens auf Kreativität und Vielfalt geachtet wird. Alle Ideen und Wünsche dürfen vorgebracht werden und stehen gleichberechtigt nebeneinander. Die Lösungsvorschläge werden in dieser Phase weder kommentiert noch diskutiert. Bei unserem Beispiel sind es die verschiedenen Kandidaten aus dem Bewerbungsprozess.

Bewertungsphase
In der Bewertungsphase wird jeder Lösungsvorschlag von jedem Teammitglied mit Widerstandspunkten bewertet. Hier wird wieder »Fist to five« angewendet, nur in abgewandelter Form. Keine Finger hochzuhalten bedeutet dabei »kein Widerstand« beziehungsweise »Diese Lösung kann ich mittragen«. Fünf Finger hochzuhalten bedeutet »starker Widerstand« beziehungsweise »Ich lehne diesen Vorschlag entschieden ab«. In unserem Beispiel zeigt das Teammitglied bei jenen Bewerbenden fünf Finger hoch, die es auf keinen Fall im Team haben möchte.

Auswertung
Die Bewertung wird im Anschluss auf einer Bewertungsmatrix notiert. Hier kann sowohl ein Flipchart als auch eine Mataplanwand helfen. In unserem Beispiel kommen die Bewerbenden mit den wenigsten Widerstandspunkten auf der Rangliste ganz nach oben und die mit den meisten Widerstandspunkten nach unten. Der Bewerber oder die Bewerberin mit dem geringsten Widerstand ist einem Konsens am nächsten und kann daher mit dem geringsten zukünftigen Konfliktpotenzial eingestellt werden.

Zusammenfassung

- Entwicklung einer Fragestellung, die nicht mit einem klaren Ja oder Nein beantwortet werden kann
- Sammeln von mehreren kreativen Lösungsvorschlägen ohne Diskussion oder Bewertung
- Bewertungsphase durch »Fist to five«: null Finger = kein Widerstand, fünf Finger = starker Widerstand
- Auswertung der Abstimmung durch Erstellung einer Bewertungsmatrix
- Lösung mit dem geringsten Widerstand wird gewählt

6.3.3 Der konsultative Einzelentscheid

Durch den Workhack »Konsultativer Einzelentscheid« werden Betroffene in den Entscheidungsprozess einbezogen, um die größtmögliche Akzeptanz zu ermöglichen und negative Auswirkungen so gering wie möglich zu halten.

Herausforderungen:

- Es gibt ein Entscheidungsvakuum innerhalb der Zusammenarbeit.
- Es gab in der Vergangenheit viele Fehlentscheidungen aus dem Bauch heraus.
- Betroffene Personen wurden nicht miteingebunden, was die Akzeptanz reduzierte.
- Fachkundige wurden nicht angehört, was die Qualität der Lösung reduzierte.
- Teammitglieder treffen Entscheidungen gerne für sich und überrumpeln ihre Kolleginnen und Kollegen mit ihrer Lösung.

Der konsultative Einzelentscheid kommt der Entscheidungsfindung einer Führungskraft am nächsten. In hierarchisch geführten Teams werden Entscheidungen in der Regel durch die Führungskraft getroffen. Diese wichtigen Entscheidungen beruhen auf den unterschiedlichsten Quellen. Sie können aufgrund von konkreten Fachkenntnissen oder aus dem Bauch heraus getroffen werden. Der große Unterschied zum konsultativen Einzelentscheid ist allerdings, dass Führungskräfte nicht dazu verpflichtet sind, betroffene Teammitglieder um Einwände, Ideen und Ratschläge zu bitten.

In diesem Punkt liegt der Vorteil des konsultativen Einzelentscheids. In selbstorganisierten Teams bekommt jedes Mitglied die Chance, jede Entscheidung selbst zu treffen. Es gibt allerdings eine Voraussetzung für diese Freiheit. Initiatoren von Ideen, Maßnahmen und Entscheidungen müssen alle relevanten Personen konsultieren, um diese nach möglichen Einwänden, zusätzlichen Ideen oder Empfehlungen zu fragen. Durch weitere Ideen und Hinweise kann die gewünschte Entwicklung noch attraktiver und erfolgreicher werden und im besten Fall ein richtiges Wir-Gefühl auslösen. Zudem fühlen sich betroffene Kolleginnen und Kollegen durch die Einbindung wertgeschätzt und angefragte Expertinnen und Experten freuen sich über den fachlichen Austausch. Das sichert nicht nur eine größtmögliche Akzeptanz. Das Verfahren ist darüber hinaus sehr effizient und bietet eine hohe Entscheidungsqualität.[148]

Entscheidungen können durch Führungskräfte zwar schneller herbeigeführt werden, hier stellt sich allerdings die Frage, inwieweit bei solchen Entscheidungen die Akzeptanz und die Güte der gewünschten positiven Auswirkungen im Vordergrund stehen sollen.

Wie ein geeigneter Prozess für den Workhack »Konsultativer Einzelentscheid« aussehen kann, wird im Folgenden beschrieben. Der Prozess umfasst insgesamt vier Schritte:

- Entscheidungsvorlage entwerfen
- Konsultationspartner bestimmen
- das konsultative Meeting
- die Entscheidungsfindung

Entscheidungsvorlage entwerfen

Initiatoren der Entscheidung, Idee oder Maßnahme beschäftigen sich intensiv mit dem Inhalt der Entscheidung und damit, welche positiven Auswirkungen die Entscheidung haben soll. Zudem enthält die Entscheidungsvorlage alle bekannten Vor- und Nachteile, die sich aus der Entscheidung ergeben.

148 https://www.oose.de/blogpost/konsultativer-einzelentscheid-was-warum/ (abgerufen am 11.01.2021).

Konsultationspartner bestimmen

Initiatoren finden heraus, wer von der Entscheidung betroffen ist und welche Personen eine gewisse Fachexpertise zu dem Thema besitzen. Alle Betroffenen werden in einem geeigneten Rahmen, wie zum Beispiel der nächsten Teamsitzung, konsultiert. Expertinnen und Experten sollten vorher einbezogen werden.

Das konsultative Meeting

Initiatoren fragen alle betroffenen Personen und die Expertinnen und Experten nach sachlichen Einwänden, zusätzlichen Ideen und Empfehlungen.

Die Entscheidungsfindung

Die Initiatoren entscheiden, ob zusätzliche Ideen, Vorschläge oder Empfehlungen miteingebracht werden. Auf Diskussionen über eine andere kreative Lösung müssen sich Initiatoren nicht einlassen. Es geht lediglich darum, Handlungsalternativen sichtbar zu machen und den Lösungsraum zu erweitern. Schließlich übernehmen die Initiatoren die volle Verantwortung für die Auswirkungen der Entscheidung. Lediglich sachliche Einwände, die Aspekte betreffen, die dem Unternehmen Schaden zufügen könnten, wie zum Beispiel rechtliche Fallstricke, führen zum integrativen Entscheidungsprozess.[149]

Zusammenfassung

- Eine Entscheidungsvorlage wird entworfen.
- Danach werden zu konsultierende Personen bestimmt.
- Im Anschluss wird das konsultative Meeting mit allen betroffenen Personen abgehalten.
- Meinungen, Wünsche, Bedürfnisse, Empfehlungen und Tipps werden dabei angehört.
- Zuletzt wird die Entscheidung gefällt.

149 Siehe Kapitel 6.3.4 »Integrativer Entscheidungsprozess«.

6.3.4 Integrativer Entscheidungsprozess

Werden beim konsultativen Einzelentscheid Einwände integriert, handelt es sich um den Workhack »Integrativer Entscheidungsprozess«.

Herausforderungen:

- Es wird neuerdings in selbstorganisierten und/oder interdisziplinären Teams abteilungsübergreifend gearbeitet.
- Es herrschen Silodenken und Konkurrenzverhalten von Einzelkämpferinnen und Einzelkämpfern vor.
- Der Wettbewerb nutzt Schwarmintelligenz – die eigene Organisation nicht.
- Es gibt vermehrt komplexere Herausforderungen, die komplexere Antworten fordern.
- Es werden instabile, sinnlose und von Betroffenen nicht akzeptierte Entscheidungen getroffen.

Wenn es innerhalb einer Organisation keine klassischen Führungskräfte mehr gibt, muss es klare Regeln geben, damit im Zweifel nicht jeder spontane Einfall unmittelbar und unbedacht in die Tat umgesetzt wird. Schließlich können alle Mitarbeitenden innerhalb und außerhalb ihrer Funktionen verantwortungsvolle Entscheidungen treffen. Diese können große Auswirkungen auf das Unternehmen haben, und zwar nicht nur in finanzieller Hinsicht, sondern gegebenenfalls auch auf die Reputation der Organisation.

Auch wenn es in Organisationen immer eine letzte Instanz geben wird – innerhalb von Kapitalgesellschaften sind es Geschäftsführende oder Vorstände –, können Mitarbeitende mit Prokura und Handlungsvollmacht wesentliche Teile der Unternehmung nach außen hin vertreten und Entscheidungen treffen. Diese Vollmachten sind allerdings in einem Gesellschaftsvertrag dokumentiert und in der Regel durch ein Vieraugenprinzip abgesichert oder mit anderen individuellen Auflagen limitiert.

Der integrative Entscheidungsprozess wird immer dann durchgeführt, wenn nicht nur Entscheidende, sondern auch andere Stakeholder betroffen sind. Bin ich beispielsweise angestellter Immobilienmakler, kann ich selbst entscheiden, welchen Kunden ich heute zu welcher Uhrzeit anrufe. Möchte ich nun aber für das gesamte Maklerbüro eine neue Vertriebssoftware bestellen, kommt der integrative Entscheidungsprozess zum Tragen, da neben mir auch meine Kolleginnen und Kollegen von der neuen Software betroffen sind. Zudem müssen auch der Datenschutzbeauftragte und die IT miteinbezogen werden – Abteilungen, die sich originär mit neuen Softwarelösungen beschäftigen.

Bin ich mit meinem Anliegen früher zu meiner Führungskraft gegangen, um ihr mitzuteilen, dass die alte Vertriebssoftware nicht mehr den aktuellen Standards entspricht, muss ich heute selbst entscheiden, wie ich mit dem Problem umgehe und welche Lösungen sinnvoll wären. Wie gehe ich mit meiner Idee um, eine neue Vertriebssoftware einführen zu wollen? Hier hilft der Workhack »Integrativer Entscheidungsprozess«, der bei Konsententscheidungen unterstützt und vertikale Einzelentscheidungen reduziert. Der Prozess unterteilt sich in fünf Schritte, die im Folgenden vorgestellt werden:[150]

- Idee/Vorschlag/Problem wird Betroffenen vorgestellt
- Sammeln spontaner Reaktionen
- Klärung der Entscheidung/Idee oder direkte Anpassung
- Sammeln sachlicher Einwände
- Berücksichtigung und Integration der Einwände

150 https://www.management-coaching.org/toolbox/methoden-und-tools/prozess-der-integrativen-entscheidungsfindung2?language=de (abgerufen am 04.09.2020).

Idee/Vorschlag/Problem wird Betroffenen vorgestellt

Der Vorschlag wird kurz dargelegt:

- Es geht um ...
- Das Problem ist folgendes: ...
- Ich habe folgenden Wunsch: ...

Bei der Vorstellung der Idee spricht nur der oder die Vorschlagende, erst danach sprechen die Betroffenen. In dieser Phase sind allerdings nur Klärungsfragen erlaubt. Diskussionen und Reaktionen werden von Moderierenden sofort unterbunden. Auch Suggestivfragen sind nicht zulässig, wie zum Beispiel: »Meinst du nicht auch, dass wir das Problem eh nicht lösen können?« Eine zulässige Klärungsfrage wäre zum Beispiel: »Kannst du die Vorteile der Lösung detaillierter erläutern?«

Sammeln spontaner Reaktionen

Nach den Klärungsfragen sind die Betroffenen erst in der Lage, spontane Bauchreaktionen zu artikulieren. Diese holen Moderierende nach und nach ein. Beispiele für Bauchreaktionen sind: »Klingt für mich sehr gut«, »Da wäre ich sofort dabei«, »Das kann ich mir nicht vorstellen«, »Ich mache mir Sorgen über die Folgen«. Diskussionen oder Überkreuzgespräche jeglicher Art werden von Moderierenden konsequent abgeschnitten. Diese Reaktionsrunde ist ein geschützter Raum für die Betroffenen, um erste wichtige spontane Reaktionen äußern zu können, ohne sich um mögliche negative Auswirkungen der eigenen Einschätzung sorgen zu müssen. Falls die spontanen Reaktionen alle positiv ausgefallen sind und es keine zu klärenden Punkte gibt, kann sofort zu Schritt vier übergegangen werden.

Klärung der Entscheidung/Idee oder direkte Anpassung

Nachdem alle Reaktionen gehört wurden, hat im dritten Schritt wieder die vorschlagende Person das Wort. Nun kann die Idee spontan verbessert werden oder falsch interpretierte Aussagen der Vorschlagenden können korrigiert und somit geklärt werden. Diskussionen werden von Moderierenden wiederum abgeschnitten, es spricht wie gesagt nur der oder die Vorschlagende.

Sammeln sachlicher Einwände

Moderierende fragen nacheinander jede Person, ob sie irgendwelche sachlichen Einwände gegen die Idee oder den Vorschlag haben. Diese Einwände werden nur kurz vorgebracht. Es sind dazu keine Diskussionen oder Fragen, weder von den anderen Betroffenen noch von der vorschlagenden Person, zugelassen. Moderierende schreiben alle Einwände auf ein Flipchart. Noch schneller geht es, wenn die Teilnehmenden kurz Gelegenheit bekommen, ihren Einwand auf Karten oder Klebezettel zu schreiben, die im Anschluss vorgestellt und an die Metaplanwand geheftet werden. Hier hilft wieder die Timebox (siehe Kapitel 6.5.3), um die Wertschätzung aller Punkte in gebührender Form zu gewährleisten. Auch in dieser Phase unterbinden Moderierende jegliche Art von Diskussionen. Wesentlich ist auch hier, dass zwischen sachlichen Einwänden und subjektiven Vorwänden unterschieden wird. Vorwände werden wertschätzend und begründet abmoderiert. Wenn in dieser Phase allerdings keine Einwände auftauchen, ist die Entscheidung gefunden und der Prozess ist beendet.

Berücksichtigung und Integration der Einwände
Tauchen sachliche Einwände auf, so tritt die Gruppe in dieser Phase in einen offenen Dialog. Es geht jetzt darum, das Kernstück jedes Einwands zu verstehen und diesen in einen verbesserten Vorschlag zu integrieren. Achtung: Es geht nicht darum, den Vorschlag in seiner vollen Gänze abzulehnen. Sobald sich ein verbesserter Vorschlag zeigt, der funktionieren könnte, unterbrechen Moderierende das Gespräch, nennen den verbesserten Vorschlag und läuten damit eine erneute Einwand-Runde ein. Das geschieht so lange, bis ein für alle geeigneter Vorschlag angenommen werden kann oder bis es sachliche Einwände gibt, die die vollständige Ablehnung der Idee zur Folge haben. Wesentlich ist jedoch, dass es einen Konsent über den Vorschlag gibt und dieser von allen Teilnehmenden nachvollzogen werden kann.

Zusammenfassung

- Idee/Vorschlag/Problem wird Betroffenen vorgelegt.
- Spontane Reaktionen werden gesammelt.
- Klärung von Idee/Vorschlag/Problem oder direkte Anpassung.
- Sachliche Einwände werden gesammelt.
- Berücksichtigung und Integration der objektiven Einwände.

6.4 Workhacks zum Geben und Nehmen von Feedback

Erste Frage: Wann hast du das letzte Mal jemanden durch Feedback dabei geholfen, negative Verhaltensweisen zu korrigieren oder positive Verhaltensweisen zu fördern? Zweite Frage: War die Rückmeldung objektiv, wertschätzend und auf Augenhöhe? Und die letzte Frage: Wie hat sich dein Gegenüber dabei gefühlt?

In vielen Büchern und Vorträgen lesen und hören wir immer wieder: »Feedback ist ein Geschenk.« Nun ja, über Geschenke freut man sich in aller Regel, doch ist es bei einem negativen (helfenden) Feedback genauso? Aus eigener Erfahrung darf ich Folgendes berichten: Ist die Beziehung zwischen Feedbackgebenden und -nehmenden vertrauensvoll und wertschätzend? Ist die Rückmeldung objektiv und verständnisvoll? Gibt mir der Feedbackgebende einen Einblick in ihre oder seine Gefühlswelt und dazu einen ernsten Wunsch mit auf den Weg? Wenn ich alle Fragen mit Ja beantworten kann, dann freue ich mich über das Feedback und sehe die Rückmeldung als wertvolles Geschenk an. Viel mehr noch: Ich fordere Feedback aktiv ein, weil ich mir über den enormen Nutzen im Klaren bin.

Vielleicht kennst du das Johari-Fester, das 1955 von den amerikanischen Sozialpsychologen Joseph Luft und Harry Ingham entwickelt wurde. Das Modell soll unterbewusste Persönlichkeits- und Verhaltensmerkmale zwischen einem selbst und anderen aufzeigen.[151] Bildlich gesprochen wird das Johari-Fenster durch Fenstersprossen in vier Fensterscheiben unterteilt, die wiederum vier unterschiedliche Verhaltensbereiche charakterisieren:[152]

1. Das erste Fenster symbolisiert den Bereich, in dem Verhaltensweisen sowohl mir selbst als auch anderen bekannt sind. (Zum Beispiel: Sowohl ich als auch meine Kolleginnen und Kollegen wissen, dass ich auf Teammitglieder, die zu spät zu einer Sitzung kommen, immer sehr verständnisvoll reagiere.)
2. Das zweite Fenster symbolisiert den Bereich, in dem Verhaltensweisen zwar mir selbst, aber den anderen nicht bekannt sind. (Zum Beispiel: Ich weiß von mir selbst, dass ich wichtige Arbeiten immer bis zum Schluss aufschiebe, bevor ich sie erledige. Das ist den anderen Teammitgliedern allerdings nicht bekannt.)
3. Das dritte Fenster symbolisiert den Bereich, der besser als der »blinde Fleck der Selbstwahrnehmung« bekannt ist. Es handelt sich um jenen Bereich, der mir selbst verborgen bleibt, der aber für andere erkennbar ist. (Zum Beispiel: Meine Kolleginnen und Kollegen nehmen wahr, dass ich anderen oft ins Wort falle. Mir selbst ist das nicht bewusst.)
4. Das vierte Fenster symbolisiert den Bereich, in dem Verhaltensweisen weder mir noch anderen bewusst sind. Dieser Bereich des menschlichen Verhaltens beschäftigt vor allem die Tiefenpsychologie.

---

151 Joseph Luft, Harry Ingham: The Johari window, a graphic model of interpersonal awareness. In: Proceedings of the western training laboratory in group development, Los Angeles: UCLA, 1955.
152 https://www.business-wissen.de/hb/lernen-durch-feedback/ (abgerufen am 07.09.2020).

Für Feedbacknehmende ist das dritte Fenster von entscheidender Bedeutung. Denn der blinde Fleck ist sinnbildlich der Potenzialträger für kontinuierliche Weiterentwicklung. Hier ist in der Tat Dankbarkeit angebracht, wenn Kolleginnen und Kollegen Verhaltensweisen aufzeigen, die einem vorher nicht bewusst waren. Das kann sowohl der motivierende Einfluss sein, den jemand auf seine Teammitglieder hat. Das kann als negatives Beispiel auch der enorme Redefluss sein, wenn jemand im Gespräch den Punkt nicht findet. Für beide Verhaltensweisen, sowohl für die positiven als auch die eher negativen, sind wertschätzende Rückmeldungen für Mitarbeitende Chancen zur Weiterentwicklung. Ob das Geschenk angenommen wird, ist hingegen jedem selbst überlassen. Feedback hat aber noch viele weitere positive Eigenschaften:

- Erst durch Feedback sind Betroffene in der Lage, ihr Verhalten zu ändern. Davor tappen sie im Dunkeln und kennen nicht die Konsequenzen ihres Handelns.
- Durch mutiges Feedback kann gespielte Harmonie wieder zu echter Harmonie werden.
- Menschen lernen am besten durch emotionale Impulse, die sie insbesondere durch Feedback erhalten.
- Da Verständnisfragen durch den Feedbacknehmenden erlaubt sind, haben diese die Chance, Verständnis für Feedbackgebende aufzubauen. Das gegenseitige Verständnis wird insgesamt vergrößert. Das Johari-Fenster wird größer und durchsichtiger.
- Durch das gegenseitige Geben und Nehmen von Feedback wird das Team insgesamt robuster und durchläuft schneller die agilen Reifegrade. Auch das Lernen voneinander wird zunehmend zum Normalfall.
- Lediglich durch das Einholen von Feedback ist es uns möglich, unsere Selbstwahrnehmung mit der Fremdwahrnehmung zu vergleichen.

In den meisten Organisationen wird sich leider nur wenig bis gar kein Feedback gegeben. Mit dieser Aussage lehne ich mich zwar weit aus dem Fenster, ich wäre aber froh darüber, wenn mir jemand das Gegenteil beweisen könnte. Für diesen Zustand gibt es allerlei Gründe: Harmoniebedürfnis, eingefahrene Strukturen, Frustration oder schlechte Erfahrungen mit dem Geben von Feedback. Es soll sogar Organisationen geben, in denen Feedbackgeben grundsätzlich unerwünscht ist. In den meisten Fällen ist jedoch einfach das Wissen nicht vorhanden, wie Feedback in einer wertschätzenden Art und Weise gegeben werden kann, damit feedbacknehmende Teammitglieder die Rückmeldung ohne Schmerzen annehmen können. Nicht umsonst fällt Feedback unter die Kategorie der gewaltfreien Kommunikation, kurz

GFK, denn Feedback kann wirklich wehtun: sowohl feedbackgebenden als auch feedbacknehmenden Menschen. Darum ist es von wesentlicher Bedeutung, den Umgang mit Feedback zu lernen und kontinuierlich weiter zu trainieren. Für das durchgehende Üben von Feedback helfen die im Folgenden vorgestellten Workhacks zum Geben und Nehmen von Feedback. Darüber hinaus finden Teams einen leichten und schnellen Einstieg in das Thema Feedback, um schnell ins gemeinsame Lernen zu kommen.

6.4.1 360-Grad-Feedback

Der Workhack »360-Grad-Feedback« verspricht das objektivste Feedback, das man sich nur wünschen kann, da man von allen Menschen eine Rückmeldung erhält, mit denen man in einem bestimmten Zeitraum zusammengearbeitet hat.

Herausforderungen:

- Es gibt nur ein einseitiges, subjektives Feedback von der jeweiligen Führungskraft.
- Es bestimmt der sogenannte »Nasenfaktor« – ob man jemanden »gut riechen kann« oder eben nicht.
- Einseitiges Feedback bringt für Mitarbeitende keine validen Erkenntnisse.
- Standardisierte unternehmensweite Feedbacks werden von Mitarbeitenden nicht angenommen.
- Mitarbeitende wünschen sich mehr Rückmeldungen von den Kolleginnen und Kollegen, die am engsten mit ihnen zusammenarbeiten.

Während in traditionellen Organisationen üblicherweise eine einzige Person, die Führungskraft, eine jährliche oder halbjährliche subjektive Bewertung der jeweiligen Untergebenen abgibt, holen sich Mitarbeitende in selbstorganisierten Unternehmen regelmäßig ein umfängliches 360-Grad-Feedback ein. Damit das Ergebnis so objektiv und valide wie möglich ist, werden alle Personen einbezogen, die im Wesentlichen mit den Feedbacknehmenden zusammengearbeitet haben. Das könnte im Grunde jede und jeder sein: Kunden, Lieferanten, Kolleginnen und Kollegen aus anderen Abteilungen, Geschäftsführende und Vorstände, Praktikanten oder Auszubildende.

Die Vorteile des Workhacks »360-Grad-Feedback« liegen auf der Hand:

- viele individuelle Perspektiven aus unterschiedlichen Blickwinkeln durch das Johari-Fenster, die einen optimalen Abgleich des Selbst- und Fremdbildes ermöglichen
- eine valide und maximal objektive Zusammenfassung der Kompetenzen und Leistungen sowie des Verhaltens
- kundenzentriertes Feedback aufgrund des Einbeziehens von Konsumierenden der angebotenen Produkte oder Dienstleistungen der Organisationen
- intrinsische Motivation, Kompetenzen, Leistungen und Verhalten dem 360-Grad-Feedback entsprechend zu verbessern, da der Feedback-Fragenkatalog im Team selbst erstellt wird und die Zusammenfassung der Rückmeldungen entsprechend valide, objektiv und dadurch für Feedbacknehmende annehmbar ist

Wichtig bei der gemeinsamen Durchführung des 360-Grad-Feedbacks für selbstorganisierte Teams ist Transparenz, ein einheitliches Vorgehen und die initiale Definition der angestrebten Ziele, die mit dem Feedback erreicht werden sollen. Das Feedback kann beispielsweise der gemeinsamen Leistungsbewertung dienen, mit dem Ziel, transparente und gerechte Gehaltsanpassungen zu generieren oder Aufgaben im Team – kompetenz- und fähigkeitsorientiert – neu zu verteilen. Darüber hinaus können sich Leistungsbefragungen wiederum auf die generellen Leistungen eines bestimmten Zeitraums beziehen oder auf spezifische Projekte innerhalb eines interdisziplinären und abteilungsübergreifenden Teams.[153]

Mit Bezug auf die Ziele wird der Fragenkatalog gemeinsam im Team konzipiert und kann sowohl analog als auch digital zur Verfügung stehen. Auch ist zu unterschei-

153 https://www.business-wissen.de/artikel/360-grad-feedback-vorgehensweise-und-tipps/ (abgerufen am 12.09.2020).

den, ob der Fragebogen qualitative oder quantitative Fragen beinhalten soll. Für gewisse Fähigkeiten, wie zum Beispiel die Teamfähigkeit, eignet sich beispielsweise eine Skalenabfrage von eins bis fünf, wobei die Zahlen hier jeweils definiert werden: Eins kann zum Beispiel eine schwach ausgeprägte und fünf eine sehr stark ausgeprägte Teamfähigkeit sein. Den höchsten Wert haben jedoch solche Feedbacks, die qualitative Rückmeldungen enthalten. Konkrete Beispiele können Feedbacknehmenden helfen, erste Anhaltspunkte für Verbesserungen zu identifizieren. Darum ist es sinnvoll, neben Skalen- oder geschlossenen Fragen auch sogenannte qualifizierte W-Fragen zu stellen. Zum Beispiel: »Wie macht sich die Fähigkeit im Alltag bemerkbar?«

Um den Workhack »360-Grad-Feedback« durchzuführen, wird ein initialer moderierter Teamworkshop empfohlen, um gemeinsame Ziele zu definieren und den darauf abgestimmten Fragebogen zu entwerfen. Zudem sollen ein Zeitplan entworfen und gemeinsam die Personen gewählt werden, die jeweils ein Feedback abgeben sollen. Um ein möglichst valides und passgenaues Feedback zu erzielen, ist es sinnvoll, mindestens sechs Personen zu identifizieren, die ihre Rückmeldung abgeben. Personen, die mit den Feedbacknehmenden so gut wie keinen Kontakt hatten, müssen selbstverständlich außen vor gelassen werden. Zum Schluss muss sich das Team darüber einig werden, welche Antworten und Ergebnisse aus dem 360-Grad-Feedback transparent gemacht werden sollen. Dies hängt wiederum von den Zielen ab und kann von Team zu Team variieren. Bei Rückmeldungen, die für die Anpassung des Gehalts entscheidend sind, ergibt es Sinn, die Ergebnisse so transparent wie möglich zu gestalten, um eine breite Akzeptanz zu erreichen.

Zusammenfassung

- Definition der Ziele des 360-Grad-Feedbacks
- Konzeption des Fragenkatalogs (analog oder digital)
- Festlegung eines Zeitplans, bis wann das Feedback eingeholt werden sollte
- Bestimmung der Feedbackgebenden für jedes Teammitglied
- Festlegung, welche Ergebnisse transparent gemacht werden

6.4.2 Bistro-Feedback

Möchte das Team mit regelmäßigem Feedback beginnen und mehr gegenseitige Wertschätzung kultivieren, dann ist der Workhack »Bistro-Feedback« das richtige Instrument, um sofort damit anzufangen. Die Stichwörter sind: schnell, einfach und positiv.

Herausforderungen:
- Fähigkeiten von Mitarbeitenden werden nicht gewürdigt.
- Es wird oft nur negative Kritik geäußert.
- Es wird nach einem schnellen und leichten Einstieg in eine Feedbackkultur gesucht.
- Mitarbeitende wollen sich gegenseitig besser kennenlernen.
- Das Bedürfnis nach Anerkennung und Wertschätzung der individuellen Stärken wird nicht ausreichend befriedigt.

Es ist so einfach, ausgewählte Teammitglieder auf das Podest zu heben und nur Positives über die jeweiligen Kolleginnen und Kollegen zu berichten. Nur leider kommen Teams nur selten dazu. Einerseits wird die Wirkung der positiven Denkweise unterschätzt und andererseits wird oftmals eher Kritik geäußert, wenn irgendetwas mal nicht sofort rundläuft. Den Hanseaten sagt man gerne nach, dass man es als Lob verstehen soll, wenn keine Kritik geäußert wird. Allerdings brauchen Menschen kontinuierliche Rückmeldungen, um sich weiterentwickeln zu können. Es ist gut, wenn Mitarbeitende ihre Stärken kennen. Und es ist besser, wenn diese durch ihre Teammitglieder bestätigt und gewürdigt werden. So wird die Arbeitswelt für alle stimmig – wenn sie wissen, dass sie Dinge tun, die zu ihren Stärken passen und von ihren Kolleginnen und Kollegen gesehen und wertgeschätzt werden.

Um diesen Abgleich spielerisch und systematisch in den Arbeitsalltag einzubauen, eignet sich der Workhack »Bistro-Feedback« in besonderer Art und Weise, da er minimalinvasiv in nahezu jedes Teammeeting eingebaut werden kann. Hierzu reicht es, wenn alle Teammitglieder, wie es in einem Bistro üblich ist, verteilt oder in einem Stuhlkreis zusammensitzen. Ein Teammitglied wird ausgewählt und spielt stilles Mäuschen, indem es sich beispielsweise hinter eine Metaplanwand setzt oder genügend Abstand zu den anderen Teammitgliedern einhält. Wichtig ist, dass sich Feedbacknehmende und Feedbackgebende nicht direkt sehen. Nachdem der oder die Feedbacknehmende ihren Platz eingenommen hat, wird die Timebox auf zwei Minuten gestellt und das Team beginnt, ausschließlich Positives über den Feedbacknehmenden zu berichten. Nach zwei Minuten kommt das Teammitglied zurück zu den anderen und es wird nichts weiter besprochen. Vielmehr wird nahtlos in das Alltagsprogramm gestartet.

Pro Meeting sollte generell nur eine Person gewürdigt werden, sodass im besten Fall jedes Teammitglied einmal an der Reihe ist. Auch wenn das Bistro-Feedback spontan eingerichtet werden kann, ist es sinnvoll, dass sich Teammitglieder vorher kurz damit beschäftigen, was sie denn wirklich an ihren Kolleginnen und Kollegen schätzen, damit es während des Workhacks keine langen und unangenehmen Pausen gibt.

Zusammenfassung

- Das Team sitzt im Kreis oder am Tisch zusammen.
- Zufällig wird ein Teammitglied gewählt.
- Dieses Mitglied wird so positioniert, dass es niemand sehen kann. Optimal wäre mit dem Rücken zur Gruppe oder hinter einer Metaplanwand.
- Das gewählte Teammitglied darf nichts sagen.
- Zwei Minuten lang erzählt das Team, was es alles an dem gewählten Teammitglied schätzt.
- Danach kommt das Teammitglied wieder in die Gruppe und es wird direkt zur Tagesordnung übergegangen.

6.4.3 Komplimentekarten

Der Workhack »Komplimentekarten« kann immer eingesetzt werden und passt zu jeder Gelegenheit, da es lediglich darum geht, jemand anderem ein Kompliment zu machen.

Herausforderungen:

- Im Team fehlt eine offene Feedbackkultur.
- Es wird hauptsächlich negatives Feedback gegeben.
- Das Betriebsklima kann noch optimiert werden.
- Es soll ein leichter Einstieg in das Thema Feedback geschaffen werden.
- Lob aussprechen, Komplimente machen und Danke sagen fehlen auf der Tagesordnung.

Dieser Workhack könnte auch mit Herz-Trumpfkarten des Kartenspiels Doppelkopf verglichen werden, die immer dann ausgespielt werden können, wenn man den Stich und das damit verbundene schöne Gefühl bekommen möchte. Einfach mal Danke sagen oder ein Lob aussprechen. Oftmals vergessen wir in dem ganzen Arbeitstrubel, uns schöne Momente zu schenken. Insbesondere in Wirtschaftsunternehmen, in denen oft Konkurrenz anstatt Kooperation vorherrscht, kommen diese Sätze aus meiner Sicht viel zu selten vor. Darum kommt jedes Tool und jeder Workhack gelegen, der dabei hilft, eine Kultur der positiven Rückmeldungen einzuführen, zu etablieren und letztlich zur Gewohnheit werden zu lassen. Alle Mitarbeitenden wissen zu genau, wie schön es ist, ein Lob zu erhalten. Hierbei gibt es nur ein kleines Problem: Irgendjemand muss damit anfangen.

Der Workhack »Komplimentekarten« kann dabei spielerisch helfen, einen schnellen und einfachen Einstieg in positive Rückmeldungen zu schaffen. Der Kreativität sind dabei keine Grenzen gesetzt. Für die Umsetzung können einfache Karteikärtchen wie folgt umfunktioniert werden: In die Mitte wird ein Herz gemalt, in das der Name des Teammitglieds geschrieben wird, das ein Lob oder ein Kompliment erhalten soll. Die Karte wird dann einer Kollegin oder einem Kollegen überreicht, die oder der dem jeweiligen Teammitglied ein Lob oder ein Kompliment geben darf. Ich kann auch meinen eigenen Namen in das Herz schreiben und die Karte an diejenigen weitergeben, die mir bei der nächsten Gelegenheit ein Kompliment oder ein Lob aussprechen sollen – für den Fall, dass es in der Vergangenheit nicht so viele positive Rückmeldungen gab und es im Hinblick auf erhaltenes Feedback gegebenenfalls ein Ungleichgewicht gibt.

Der nächsthöhere Schwierigkeitsgrad ist die Vergabe eines qualifizierten Feedbacks. Hier ist es sinnvoll, die üblichen drei Feedbackregeln mit auf den Zettel zu notieren, um es den Feedbackgebenden einfacher zu machen:

- **Wahrnehmung** (Was habe ich bei dir Positives wahrgenommen?)
- **Wirkung** (Welche Emotion hat das Wahrgenommene bei mir ausgelöst?)
- **Wunsch** (Was würde ich mir für die Zukunft in Bezug auf das Wahrgenommene von dir wünschen?)

Zudem gibt es auch schon kommerzielle Feedbackkarten, wie zum Beispiel die Lobkärtchen, die auf www.lobkaertchen.de zu finden sind.[154] Hier können die Rückmeldungen mithilfe von zehn verschiedenen Eigenschaftswörtern vergeben werden. Die Adjektive lauten: beeindruckend, tadellos, perfekt, gut gemacht, bemerkenswert, optimal, brillant, hervorragend, mustergültig und außerordentlich. Diese Karten bekommen Interessierte direkt in die Firma geliefert, sodass sofort gestartet werden kann, wenn gerade keine Zeit für die eigene Erstellung der Komplimentekarten vorhanden ist.

Auch bei diesem minimalinvasiven Workhack darf ausprobiert, experimentiert und getestet werden. Über deine Erfahrungswerte würde ich mich sehr freuen und insbesondere auch viele andere Teammitglieder, ob in modernen oder traditionellen Organisationen.

154 http://lobkaertchen.de/lobprodukte/lobkaertchen-fuers-office/ (abgerufen am 14.09.2020).

Zusammenfassung

- Auf eine x-beliebige Karte wird ein Herz gemalt.
- In das Herz der Komplimentekarte wird der Name des- oder derjenigen geschrieben, der oder die das Kompliment erhalten soll.
- Die Karte kann anonym oder transparent an die Komplimentgebenden übergeben werden.
- Das Kompliment oder das Lob muss innerhalb von drei Werktagen gegeben werden.
- Das Team kann Regeln erstellen, wie oft diese Karten vergeben werden müssen und wie oft jede oder jeder dran sein soll. Weitere Regeln können selbstverständlich kreativ erstellt werden.

6.4.4 Gefühlskreis

Mit dem Workhack »Gefühlskreis« lernt das Team systematisch, wieder ganz normal über seine Gefühle zu sprechen.

Herausforderungen:

- Zusammenhalt und Vertrauen fehlen im Team.
- Das Team möchte sich regelmäßig konstruktives/helfendes Feedback geben.
- Teammitglieder wünschen sich einen kritischen Blick auf sich selbst.
- Das Reden über Gefühle war in der Vergangenheit tabu.
- Im Team soll mehr Empathie ermöglicht werden.

Über Gefühle zu reden ist nicht für alle einfach. Insbesondere in Wirtschaftsunternehmen kann es Mitarbeitenden als Schwäche ausgelegt werden, wenn Gefühle offen gezeigt werden oder wenn Kolleginnen und Kollegen lediglich über ihre Gefühle reden möchten. »Gefühle haben im Geschäftsleben nichts zu suchen« ist ein Glaubenssatz, den ich immer mal wieder zu hören bekomme. Doch wie kann in Unternehmen ohne das Zeigen von Gefühlen und Emotionen überhaupt Empathie sichergestellt werden?

Günther Höhfeld, Psychologe und Experte für Resilienz, schreibt dazu im *manager magazin*:

> »Das Unterdrücken von emotionalen Botschaften führt dazu, dass Menschen den Kontakt zu sich selbst verlieren. Wer ein Bewusstsein für seine eigenen Emotionen entwickelt hat, führt besser und lebt gesünder. Sicher ist auch: Menschen, die regelmäßig viele verschiedene Emotionen durchleben, sind offenbar gesünder als Menschen mit einem weniger abwechslungsreichen Gefühlsleben. Sie zeigen weniger Anzeichen für eine Depression, weisen niedrigere Entzündungswerte auf und müssen seltener zum Arzt.«[155]

Weiterhin konstatiert Höhfeld, dass empathische Beziehungen zwischen Mitarbeitenden ein Gefühl tiefer Verbundenheit erzeugen, da sie sich wahrhaftig gesehen, gehört und wahrgenommen fühlen. Erst das Zeigen von Gefühlen kann Empathie ermöglichen, die zu einem gesunden Arbeitsklima beiträgt und das Wohlbefinden aller Kolleginnen und Kollegen fördert. Wenn alle Teammitglieder nach und nach ihre Masken absetzen und authentisch ihre Gefühle preisgeben, wird jede und jeder Einzelne schnell die Vorteile erkennen. Das dadurch entstehende intensivere Vertrauensverhältnis macht das Team insgesamt robuster und leistungsstärker: Probleme werden schneller angesprochen, schwierige Herausforderungen werden durch das Wir-Gefühl und die tiefe Verbundenheit gerne angenommen. Gemeinsam möchte das Team Ziele erreichen und nachhaltig erfolgreich sein.

Der »Gefühlskreis« ermöglicht Mitarbeitenden, schnell den Einstieg in ihre Gefühlswelt zu finden und ihre Gefühle den Teammitgliedern im Rahmen einer Rückmel-

155 https://www.manager-magazin.de/unternehmen/karriere/karriere-im-management-wie-emotionen-manager-reicher-machen-a-1264053.html (abgerufen am 16.09.2020).

dung mitzuteilen. Während beim Bistro-Feedback und den Komplimentekarten lediglich positive Botschaften vermittelt werden, deckt der Gefühlskreis das gesamte Spektrum an Rückmeldungen ab. Das Feedback kann sowohl negative als auch positive Gefühle beinhalten, die aufgrund von wahrgenommenen Verhaltensweisen der jeweiligen Teammitglieder aufgekommen sind. Da nicht jedes Teammitglied seine Gefühle verbal beschreiben kann, wird innerhalb des Gefühlskreises gerne auf die Grundgefühle zurückgegriffen. Grundgefühle oder auch Basisemotionen sind ein wesentlicher Bestandteil unserer menschlichen Existenz und in allen Kulturen gleichermaßen anzutreffen. Ob traditionell oder agil, in allen Organisationen gibt es folgende Basisemotionen:

- Liebe
- Freude
- Überraschung
- Furcht
- Traurigkeit
- Angst
- Hass

Die Benennung dieser Gefühle ist im Gefühlskreis mitentscheidend dafür, ob ein Feedback angenommen werden kann oder nicht. Denn Feedbacknehmende müssen wissen, was ihr wahrgenommenes Verhalten für eine Wirkung hat und was sich Betroffene für die Zukunft wünschen.

Letztlich kann der Workhack »Gefühlskreis« schnell und minimalinvasiv durchgeführt werden. Dazu setzt sich das Team in einem Kreis zusammen und zieht nacheinander drei bereits vorbereitete Kärtchen aus einem Karton: ein grünes Kärtchen für ein positives Feedback, ein rotes Kärtchen für ein mit negativen Gefühlen verbundenen Feedback und ein gelbes Kärtchen, bei dem sich die Teilnehmenden für ein in der Vergangenheit nicht angebrachtes Verhalten entschuldigen. In Vorbereitung auf den Gefühlskreis schreiben die moderierenden Personen kreative Sätze auf die verschiedenen Kärtchen, die bei der spontanen Vergabe der Rückmeldung aus dem Stegreif zu ergänzen sind:

- Mich hat gefreut, dass du …
- Tut mir leid, dass ich …
- Ein wenig irritiert war ich, als du …

Bei der Formulierung der Satzanfänge sind der Kreativität der Kolleginnen und Kollegen, die den Gefühlskreis vorbereiten möchten, keine Grenzen gesetzt. Zusätzlich werden die Namen der Teammitglieder auf den Kärtchen vermerkt, die das jeweilige Feedback erhalten sollen.

Bei diesem Workhack ist eine professionelle (externe) Moderation sinnvoll, aber nicht zwingend notwendig. Ist eine Moderation nicht möglich, sollte auf den Gefühlskreis nicht verzichtet werden. Ein Teammitglied sollte allerdings für den Ablauf die Verantwortung übernehmen und sicherstellen, dass die Regeln einer Retrospektive eingehalten werden: Wir gehen davon aus, dass alle Beteiligten zu jedem Zeitpunkt nach bestem Wissen, Gewissen und Kenntnisstand gehandelt haben.[156] Und zum anderen die Las-Vegas-Regel: Alles, was im Gefühlskreis besprochen wird, bleibt auch bei den Teilnehmenden und wird nicht nach außen getragen.

Zusammenfassung

- Eine Schachtel mit drei Arten von Kärtchen wird vorbereitet.
- Die Kärtchen können verschiedene Farben haben, zum Beispiel Grün für ein positives Feedback, Gelb für eine Entschuldigung und Rot für ein helfendes Feedback, das mit negativen Gefühlen verbunden ist.
- Die drei Arten von Kärtchen werden jeweils mit einer von den Moderierenden vorher festgelegten Formulierung ausgegeben. Zum Beispiel:
  - Grün: »Ich finde gut, dass du …«, »Dadurch fühle ich mich …«, »Darum wünsche ich mir zukünftig, dass du …«
  - Gelb: »Ich möchte mich dafür entschuldigen, dass ich …«, »Durch mein Verhalten hattest du sicherlich Angst, dass …«, »Darum wünsche ich mir zukünftig, dass wir gemeinsam …«
  - Rot: »Ich finde nicht gut, dass du …«, »Dadurch fühle ich mich …«, »Darum wünsche ich mir zukünftig, dass du …«
- Das Teammitglied, das eine Karte gezogen hat, muss den jeweiligen Satz nun mit seinen beziehungsweise ihren eigenen Worten ergänzen und so dem Teammitglied, dessen Name auf dem Kärtchen steht, eine spontane Rückmeldung geben.

156 Norman L. Kerth: Project Retrospectives. A Handbook For Team Reviews. Dorset House Publishing, 2001, S. 7.

6.5 Workhacks zum effizienteren Arbeiten

Es soll Teams geben, die einfach drauflosarbeiten, ohne dabei zu reflektieren, ob ihre gemeinsame Arbeitsweise in irgendeiner Art effizient ist.

Das Problem liegt hier unter anderem am sogenannten »Flaschenhals«, der Führungskraft. Wenn sich Führungskräfte dazu berufen fühlen, qua ihrer hierarchischen Position Aufgaben ins Team zu schütten mit der Prämisse, diese so schnell wie möglich mit höchster Priorität zu erledigen, und sich darüber hinaus dazu berufen fühlen, alle Entscheidungen selbst zu treffen, dann werden sie schnell zum »Bottleneck«. Entscheidet nur die Führungskraft, entstehen viele Probleme, die das Arbeiten im Team insgesamt ineffizient machen. Viele Studien weisen darauf hin, dass der Arbeitszeitverlust in Deutschland durch ineffiziente Organisationsabläufe bei etwa 20 Prozent liegt. Mitarbeitende verlieren so einen ganzen Tag in der Woche aufgrund von komplizierten Prozessen, umständlichen Vorgehensweisen oder schlechtem Zeitmanagement.[157] Nicht selten müssen dilettantische Top-down-Entscheidungen flankiert durch intransparente Zeit- und Ressourcenplanungen durch zahlreiche ineffiziente Überstunden engagierter Mitarbeitenden aufgefangen werden.

In traditionellen Unternehmen wird oft nur nach dem *Wie viel* gefragt, also wie effektiv ist der Prozess oder – anders gefragt: Wie hoch ist der Output? In agilen Organisationen liegt das Augenmerk auf dem Prozess: Wie effizient gehen wir vor? Wie können wir das bestmögliche Ergebnis mit einem möglichst niedrigen Aufwand erreichen? In traditionellen Organisationen soll es sogar Mitarbeitende geben, die abends höchst ineffizient beispielsweise von 18:00 bis 20:00 Uhr Überstunden ansammeln, indem sie auf Sparflamme versuchen, in zwei weiteren Stunden noch mehr der unendlich vielen Aufgaben zu erledigen. Effektiv werden an diesem Tag wahrscheinlich in Summe mehr Aufgaben erledigt sein. Effizienz sieht hingegen anders aus. Kurzfristig kann es immer mal zu Situationen kommen, in denen Überstunden gemacht werden müssen. Betrachten wir in unserem Fall einmal nur die zwei Überstunden am Abend: Vermutlich hätte der oder die jeweilige Mitarbeitende für die zu erledigenden Aufgaben am Morgen des nächsten Tages wahrscheinlich weniger Zeit einsetzen müssen.

157 https://www.avantgarde-experts.de/de/magazin/effektiv-arbeiten/ (abgerufen am 18.09.2020).

Bei den Workhacks zum effizienteren Arbeiten geht es nicht nur darum, sinnlose und ineffiziente Überstunden zu vermeiden. Vielmehr geht es darum, die vorhandene Arbeitszeit effizient zu nutzen. Wie können Aufgaben aus Kundensicht priorisiert, qualitativ hochwertig, transparent und möglichst ressourcenschonend bewältigt werden? Wie können langwierige Besprechungen aufgrund zahlreicher Vielredenden auf Effizienz getrimmt werden? Wie können wir es schaffen, uns eine Zeitlang nur auf eine Aufgabe zu konzentrieren, ohne dabei gestört zu werden? Und wie kann es uns letztlich gelingen, nicht täglich durch das Jammertal zu laufen, sondern die Dinge einmal so zu nehmen, wie sie sind? Ein Bekannter pflegt zu sagen: »Einfach mal machen!« Für alles andere gibt es ausgewählte Workhacks für effizienteres Arbeiten in selbstorganisierten Teams: das Kanban-Board, Daily Stand-ups, die Timebox und die Fokuszeit.

6.5.1 Kanban-Board

Der Workhack »Kanban-Board« kann in nahezu jedem selbstorganisierten Team minimalinvasiv integriert werden – auf einem digitalen Whiteboard oder analog, indem lediglich drei Klebezettel an die Tür, die Metaplanwand oder an das Fenster gehängt werden: To do, Doing, Done.

Herausforderungen:

- Alle Aufgaben haben die höchste Priorität.
- Fehlende Transparenz im Team. Niemand weiß, was andere tun.
- Aufgaben werden nie richtig fertig.
- Es gibt keinen Prozess für die Aufgabenbearbeitung.
- Teams möchten schnell in agile Arbeitsweisen starten.

Viele Teams kennen das Problem: Alle Aufgaben haben die höchste Priorität, dadurch wird nichts richtig fertig. Die Qualität leidet und der Kunde kann nie richtig zufriedengestellt werden. Ständig werden neue Aufgaben begonnen, doch richtig fertiggestellt werden sie selten. Zudem herrscht totale Intransparenz. Niemand weiß genau, was die Kollegin oder der Kollege gerade macht. Wie denn auch? Man ist selbst gerade dabei, acht von zehn Aufgaben parallel zu erledigen. Über den Tellerrand kann in dieser Situation nicht geschaut werden, geschweige denn einmal an der Qualität gearbeitet werden. Oft warten in solchen Situationen alle Teammitglieder gespannt darauf, dass die Führungskraft endlich die Prioritäten setzt und sinnvolle Arbeitsabläufe integriert. Viele Mitarbeitende warten allerdings bis heute vergebens.

In selbstorganisierten Teams wird nicht gewartet, sondern gehandelt. Um alle anfallenden Aufgaben im Team transparent anzuzeigen und darüber hinaus auch den Arbeitsfortschritt jederzeit im Blick zu haben, nutzen selbstorganisierte Teams den Workhack »Kanban-Board« – ein Board, das so einfach wie genial ist, da es in der einfachsten Form, der bekannten To-do-Liste, lediglich aus drei Spalten besteht: To do, Doing, Done. Die Idee ist schon sehr alt: Erfunden wurde Kanban, was auf Japanisch so viel wie »Signalkarte« bedeutet, bereits 1947 von Toyota, um im Vergleich zu den amerikanischen Automobilherstellern produktiver zu werden. Die Idee war, den Materialfluss effizienter zu gestalten, indem das Supermarktprinzip kopiert wurde. Das bedeutet, dass neues Material erst dann bestellt wurde, wenn altes verbraucht war.[158] Wo sich vorher nach dem »Push-Prinzip« irgendwann die Reifen vor der Montagelinie türmten, wurden durch Kanban und das daraus resultierende »Pull-Prinzip« die Reifen erst dann bereitgestellt, wenn ein Auto fertig war und das nächste Auto bestückt werden konnte. Durch diese kontinuierliche Optimierung der Lieferkette wurden unter anderem Durchlaufzeiten herzustellender Autos verkürzt und Lagerkosten durch Just-in-time-Lieferungen minimiert.

Klaus Leopold, Informatiker und Kanban-Pionier, beschreibt dieses Phänomen der verkürzten Durchlaufzeiten durch das Pull-Prinzip in seinem Buch »Kanban in der Praxis« anhand eines Experiments, das er am Anfang seiner Kanban-Trainings mit den Teilnehmenden durchführt.[159] Sechs Teilnehmende sollen zusammen inner-

158 Günther Zäpfel: Strategisches Produktions-Management. R. Oldenbourg Verlag, 2000, S. 228.
159 Klaus Leopold: Kanban in der Praxis. Vom Teamfokus zur Wertschöpfung. Carl Hanser Verlag, 2017, S. 6–17.

halb von zwei Minuten so viele Papierschiffe falten wie möglich. Dazu bekommen im Herstellungsprozess alle Teilnehmenden unterschiedliche Aufgaben zugeteilt, sodass es wie bei der Automobilherstellung am Fließband unterschiedliche Arbeitsschritte gibt. Das Experiment »Schiffe falten« hat wie im echten Leben allerdings eine Prämisse: Es gibt einen Engpass im Prozess. Das bedeutet, dass ein Arbeitsschritt gegen Ende des Prozesses deutlich länger dauert als die anderen Arbeitsschritte zuvor.

Das Experiment sieht zwei Durchläufe vor. Der erste Durchlauf startet nach dem **Push-Prinzip:** Ist ein Arbeitsschritt fertig, wird das herzustellende Papierschiff zur Weiterverarbeitung direkt weitergeschoben. In der Folge bildet sich beim Engpass ein großer Stapel an unfertigen Papierschiffen, der viele Teilnehmende unter Stress geraten lässt. Nach zwei Minuten wird ein rotes Blatt Papier in den Herstellungsprozess gegeben, um einerseits das letzte herzustellende Papierschiff zu markieren und anderseits damit die Zeit zu stoppen, wie lange es dauert, das rote Papierschiff bis zum Schluss herzustellen.

Der zweite Durchlauf wird nach dem **Pull-Prinzip** durchgeführt: Das nächste Blatt Papier wird erst dann gezogen, wenn darauffolgende Teilnehmende mit ihrem Prozessschritt fertig sind und der Platz für das nächste herzustellende Papierschiff wieder frei ist. Vor dem Engpass ergeben sich in der Folge Wartezeiten, die unter anderem für Qualitätsverbesserungen genutzt werden können. Auch hier wird nach zwei Minuten das rote Blatt Papier in den Prozess gegeben, um wiederum zu schauen, wie lange die Teilnehmenden für die Herstellung benötigen.

Man kann schon erahnen, welche Durchlaufzeit die kürzere ist. Durch das Pull-Prinzip, das im Kanban-Board üblich ist, wird das rote Schiff schneller hergestellt als im ersten Durchlauf, in dem sich im Laufe der Zeit vor dem Engpass eine lange Warteschlange an Schiffen aufgestaut hatte. Was sagt uns dieses Phänomen?

- Schneller arbeiten bedeutet nicht per se, dass der Output höher wird.
- Die gewonnene Zeit kann für Qualitätsverbesserungen oder Hilfestellungen im Engpass genutzt werden.
- Die Arbeit ist insgesamt entspannter, sodass die Konzentration und der Fokus auf die jeweiligen Arbeitsschritte gewährleistet sind.

Dem Pull-Prinzip ist die Selbstorganisation inhärent, da Aufgaben nun nicht mehr willkürlich und von außen nach dem Push-Prinzip in den Prozess gespült, sondern in hohem Maße in Eigenregie organisiert werden. Dies fördert nicht nur die intrinsische Motivation – Kanban-Boards machen auch einfach Spaß, da jederzeit für jeden und jede ersichtlich ist, wann eine Aufgabe erledigt ist. So sind Kanban-Boards nicht nur für Teams, die komplexe Projekte durchführen, oder Automobilhersteller, die ihre Produktionsprozesse optimieren möchten, interessant. Auch in Workshops oder für die wöchentlichen Teamsitzungen kann das Kanban-Board als transparent sichtbare Agenda genutzt werden.

Während Kanban-Boards ursprünglich physisch mittels Karteikärtchen oder Klebezetteln gebastelt wurden, nutzen in Zeiten von »work from anywhere« viele Teams vermehrt digitale Varianten.

Zusammenfassung

- Das Team einigt sich auf ein geeignetes physisches oder digitales Kanban-Board und stellt individuelle Regeln auf. Beispielsweise werden die Spalten Backlog, To do, Doing und Done gewählt. Oft stellen Teams zusätzlich Regeln auf, wann beispielsweise eine Aufgabe detailliert genug definiert ist, damit sie ins Backlog »aufgenommen« werden darf *(definition of ready)*. Eine weitere Regel besagt, wann eine Aufgabe als »erledigt« angesehen werden darf *(definition of done)*.
- Konkrete Aufgaben werden auf Klebezettel oder Karteikarten geschrieben und in die Spalte »Backlog« geklebt. Dort werden die Aufgaben priorisiert. Wichtige Aufgaben kommen ganz nach oben, unwichtige eher nach unten. Für das digitale Kanban-Board gibt es bereits mehrere kostenfreie Lösungen, die im Internet zur Verfügung stehen.
- Mitarbeitende weisen sich Aufgaben zu, indem sie zusätzlich ihren Namen auf die priorisierten Karten schreiben und diese in die Spalte »To do« kleben.
- Wenn an der jeweiligen Aufgabe gearbeitet werden soll, wird die Karte in die Spalte »Doing« geklebt.
- Ist die Aufgabe erledigt, kommt sie in die Spalte »Done«.

6.5.2 Daily Stand-ups

Der Workhack »Daily Stand-ups« dient dem Team dazu, sich täglich kurz für zehn Minuten auszutauschen. Das erhöht den Informationsfluss und alle sind »up to date«.

Herausforderungen:

- Die Arbeit wird aufgrund von zu langen Sitzungen nicht geschafft.
- Endlose Diskussionen frustrieren.
- Der Fokus schweift bei langen Team-Meetings ab.
- Es gibt keinen strukturellen täglichen Austausch.
- In langen Meetings wird immer wieder das Smartphone herausgeholt.

Viele traditionelle Teams sitzen einmal pro Woche im Stuhlkreis zusammen, um sich von der Führungskraft über mehrere Stunden hinweg auf den neuesten Stand bringen zu lassen. Das frisst nicht nur wertvolle Arbeitszeit, die täglichen Herausforderungen aller Teammitglieder bleiben dabei oftmals auf der Strecke. Daher haben sich insbesondere agile Teams dazu entschieden, kurze tägliche Meetings im Stehen abzuhalten, die je nach Anzahl der Teilnehmenden höchstens 20 Minuten dauern und aktuelle Themen des Tages beinhalten.

Alan C. Bluedorn, Autor des Buches »The Human Organization of Time«, hat bereits 1999 herausgefunden, dass Meetings im Sitzen länger dauern, aber keinesfalls bessere Ergebnisse hervorbringen als Meetings im Stehen.[160]

160 https://psycnet.apa.org/record/1999-13895-011 (abgerufen am 11.11.2020).

> »Sit-down meetings were 34% longer than stand-up meetings, but they produced no better decisions than stand-up meetings.«

In den vergangenen Jahren habe ich mir dieses Phänomen einmal genau angeschaut. Dabei ist mir aufgefallen, dass Menschen im Stehen einfach agiler miteinander kommunizieren. Sie nehmen sich häufiger einen Stift, um am Flipchart schnell etwas zu visualisieren und nutzen den ganzen Körper, um verschiedene Standpunkte besser ausführen zu können. Zudem habe ich bemerkt, dass in kurzen fokussierten Stand-ups seltener das Smartphone herausgeholt wurde, um ja nichts zu verpassen. Letztlich kann geschlussfolgert werden: Wenn sich Teams im Stehen treffen, dann suggeriert dieses Vorgehen eine kurze Besprechung. Trifft man sich im Sitzen, dann kann es mal wieder länger dauern.

Keinesfalls soll der Workhack »Daily Stand-ups« die wöchentliche Teamsitzung verteufeln. Auch diese Sitzungen haben eine Daseinsberechtigung, um beispielsweise komplexere Themen zu besprechen.

Der Workhack »Daily Stand-ups« dient dem Team dazu, sich täglich auszutauschen. Hier werden insbesondere folgende Fragen beantwortet:

- Wie geht's mir gerade?
- Was habe ich bisher geschafft?
- Was mache ich bis zum nächsten Daily?
- Wobei brauche ich Hilfe?

Zusammenfassung

- Das Team trifft sich täglich zu einer bestimmten Uhrzeit im Stehen.
- Die Zeit für den Daily Stand-up sollte jedem Teammitglied passen.
- Trotzdem ist der Workhack freiwillig, da es immer einmal wichtigere Termine geben kann oder jemand aus anderen Gründen abwesend ist.
- Das Treffen sollte vor dem Mittagessen stattfinden, um wichtige Themen des Tages nicht zu verpassen.
- Die Teammitglieder beantworten nacheinander Fragen wie: »Wie geht's mir?«, »Was habe ich bisher geschafft?«, »Was mache ich bis zum nächsten Daily?«, »Wo brauche ich Unterstützung?«

6.5.3 Timeboxing

Der Workhack »Timeboxing« wird im Hinblick auf das Zeitmanagement unter anderem in agilen Projekten eingesetzt und ist in meinen Augen eines der wichtigsten Werkzeuge für selbstorganisierte Teams, um in kürzerer Zeit mehr zu schaffen und produktiver zu werden.

Herausforderungen:

- Termine werden immer wieder zeitlich überzogen, woraufhin Kolleginnen und Kollegen zu spät in den Folgetermin kommen und sich rechtfertigen müssen.
- Es gibt endlose Diskussionen ohne Lösung.
- Viel- oder Wenigredende machen Meetings ineffizient.
- Introvertierte Mitarbeitende sollen aktiviert werden.
- Es herrscht ein schwach ausgeprägter Fokus auf den Kern.[161]

Die Bereiche und Möglichkeiten, in denen Timeboxing genutzt werden kann, sind zahlreich:

> »So wird es beispielsweise für das Zeitmanagement und die Produktivitätssteigerung in Projekten genutzt, Sie können aber auch Ihre Arbeitstage besser planen und gestalten oder das Timeboxing für erfolgreichere Meetings und Besprechungen nutzen.«[162]

Diese Definition kann ich genau so unterschreiben, denn genau für diese Beispiele durfte ich den Workhack »Timeboxing« schon erfolgreich nutzen. Insbesondere selbstorganisierte Teams profitieren von der Timebox, weil unter anderem Redezeiten gerecht aufgeteilt werden – für den Fall, dass es im Team Vielredner oder introvertierte

161 https://workhacks.de/die-workhacks/timeboxing/ (abgerufen am 23.09.2020)
162 https://karrierebibel.de/timeboxing/ (abgerufen am 23.09.2020).

Mitarbeitende gibt, die sich mit ihren kreativen Ideen eher zurückhalten. Vielredende werden begrenzt, Wenigredende werden animiert, einen größeren Beitrag zu leisten.

Speziell bei den täglichen Besprechungen wird die Zeit beim Check-in aus meiner Erfahrung heraus immer wieder überzogen. Bei der Frage »Wie geht's dir?« finden viele einfach nicht den Punkt, sodass Timeboxing hier klare Grenzen aufzeigen kann. Beispielsweise kann es für alle Teammitglieder ein bis zwei Minuten für den Check-in geben, je nachdem, wie viel Zeit insgesamt zur Verfügung steht und wie viele Teilnehmende es gibt. Timeboxing ersetzt hier faktisch sehr smart die disziplinarische Durchgriffsmacht von Führungskräften, mit dem Vorteil, dass Redeunterbrechungen am Ende der Zeit professionell moderiert, sehr fair und für alle nachvollziehbar begründet werden können. Nicht nur Redebeiträge können zeitlich begrenzt werden, sondern auch verschiedene Gruppenarbeiten in Workshops oder Seminaren.

Wichtig ist beim Einsatz des Workhacks »Timeboxing« bei mehr als einer Person, dass die Uhr für alle sichtbar ist und die Zeit nicht versteckt auf dem Smartphone oder einer Stoppuhr abläuft.[163] Ich nutze die Timebox zum Beispiel auch für das Schreiben dieser Texte. Dabei stelle ich mir die Zeit auf 45 Minuten, damit ich immer wieder kleine Pausen zum Aufstehen und Trinken einbauen kann. Timeboxing kann also auch für einzelne Teammitglieder interessant sein, wenn sich jemand einmal ganz fokussiert einer Aufgabe widmen möchte. Hier wären wir auch schon beim nächsten Vorteil von Timeboxing: Die Konzentration erhöht sich signifikant, wenn ich mir für eine Aufgabe ein zeitliches Limit setze.

Als ehemaliger Mitarbeiter im Vertrieb weiß ich, wovon ich rede. Wenn ich mir vornehme, an einem Tag zehn Kunden anzurufen, dann benötige ich dafür genau einen Tag. Wenn ich mir die Timebox auf eine Stunde stelle mit dem Ziel, so viele Kunden wie möglich anzurufen, erreiche ich weitaus mehr als zehn Kunden und bin darüber hinaus viel konzentrierter und fokussierter bei der Tätigkeit. Je mehr Zeit ich mir also für eine Aufgabe nehme, desto länger brauche ich auch dafür. Dieses Phänomen kann man auch in Workshops innerhalb von Gruppenarbeiten beobachten, die einmal mit und einmal ohne Timeboxing durchgeführt werden. Erfahrungen haben gezeigt, dass bei gleichen Fragestellungen nach 15 Minuten Brainstorming die Anzahl der kreativen Antworten und Ideen nicht signifikant steigt, wenn im Vergleich

163 https://workhacks.de/die-workhacks/timeboxing/ (abgerufen am 23.09.2020).

kein Zeitlimit vorgegeben wurde und die Gruppe von selbst nach 30 Minuten wieder zusammenkommt.

Die Erkenntnis lautet: Timeboxing macht Teams effizienter. Bereits 1955 hat der Historiker Cyril Northcote Parkinson im britischen Wirtschaftsmagazin *The Economist* das Parkinson'sche Gesetz veröffentlicht. Die Aussage dieses Gesetzes lautet: »Arbeit dehnt sich in genau dem Maß aus, wie Zeit für ihre Erledigung zur Verfügung steht.«[164] Das Vorgehen ist schnell erklärt: eine geeignete Timebox (visuelle Stoppuhr) erwerben, vor dem Team aufstellen und loslegen. Selbstverständlich gibt es für die Remote-Arbeit digitale Timer, die kostenfrei im Internet zu finden sind.

Wichtig für die gemeinsame Akzeptanz: dass einmal ganz konkret im Team besprochen wird, für welche Anlässe Timeboxing genutzt werden soll und welche Zeit dann für alle gleichermaßen gelten soll. Eine professionelle Moderation ist bei diesem Workhack von Vorteil, kann aber auch durch einzelne Teammitglieder durchgeführt werden. Insbesondere in Workshops oder Seminaren kann die Zeit bei Gruppenarbeiten ausnahmsweise auch mal verlängert werden. Ein radikaler Abbruch kann die Motivation und den Drive zerstören, also ist hier Fingerspitzengefühl angebracht. Schließlich soll Timeboxing im ersten Schritt ein gemeinsames Bewusstsein für die abgelaufene Zeit schaffen. Der dauerhafte und konsequente Einsatz der Timebox erhöht allerdings sukzessive den Fokus und die Konzentration der Teams und lässt Vielredner irgendwann wie von selbst auf den Punkt kommen.

Zusammenfassung

- Im Team besprechen, für welche Anlässe »Timeboxing« genutzt werden soll.
- Gemeinsam die Zeit für Redebeiträge, Aufgaben, Meetings und Diskussionen festlegen.
- Kurze Zeiteinheiten planen – das bringt mehr Fokus in die Runde. Häufig bringt eine Zeitvorgabe von zwei Minuten mehr als eine zehnminütige.
- Die ablaufende Zeit muss für alle sichtbar gemacht werden.
- Achtung: Am Anfang kann die Zeit auch mal überzogen werden. Wichtig ist, ein gemeinsames Bewusstsein für die Zeit zu schaffen.

164 https://www.wlwo.de/erfolg/trends/parkinsonsche-gesetz-warum-wir-bis-zur-letzten-sekunde-warten/5304670.html (abgerufen am 23.09.2020).

6.5.4 Fokuszeit

Der Workhack »Fokuszeit« hilft Teammitgliedern, sich eine längere Zeit ungestört einer Aufgabe zu widmen.

Herausforderungen:

- Es gibt häufige Unterbrechungen der Arbeit, die die Konzentration stören.
- Die Bearbeitung von Projekten oder Themen erfordert eine intensive Auseinandersetzung mit dem Thema und hundertprozentigen Fokus.
- Es gibt sehr extrovertierte Teammitglieder, die Schwierigkeiten haben, ihre Redefreude unter Kontrolle zu halten.
- Es gibt viele introvertierte Teammitglieder, die gerne in Ruhe arbeiten möchten.
- Teammitglieder sind unaufmerksam, weil sie beispielsweise durch ihr Smartphone abgelenkt werden.[165]

Kennst du das auch? Du sitzt am Schreibtisch und konzentrierst dich auf die Lösung einer komplexen Aufgabe, hundertprozentig fokussiert und im Gedankenfluss versunken. Plötzlich poltert ein Kollege an deinen Schreibtisch und fragt dich, ob du seinen Tacker gesehen hast. Just in diesem Moment fällt ihm wieder ein, wo er ist, und er geht wieder.

Tagtäglich haben wir es mit zahlreichen verschiedenen Unterbrechungen zu tun, die allesamt an unseren Nerven sägen – insbesondere dann, wenn wir gerade intensiv an einer Denkaufgabe arbeiten. Großraumbüros und der Satz »Meine Tür steht für dich jederzeit offen« geben den Kolleginnen und Kollegen die uneingeschränkte Erlaubnis, jederzeit mit ihren zahlreichen Fragen, Wünschen und Bedürfnissen wild um sich zu schießen. Das Problem dabei ist, dass wir circa 15 Minuten benötigen, um wieder in den Arbeitsprozess zurückzufinden.[166]

165 https://workhacks.de/die-workhacks/fokuszeit/ (abgerufen am 24.09.2020).
166 https://workhacks.de/die-workhacks/fokuszeit/ (abgerufen am 24.09.2020).

Im Zeitalter des technologischen Wandels wollen wir darüber hinaus keine noch so unwichtigen »News« verpassen. Ob *WhatsApp, Youtube, Facebook, Twitter, TikTok, Instagram, LinkedIn* oder *Xing* – selbst eingehende E-Mails werden nicht jede Stunde einmal, sondern im Sekundentakt aktualisiert und abgerufen. Ein Experiment der Michigan State University aus dem Jahr 2013 hat gezeigt, dass eine drei Sekunden andauernde Störung, wie beispielsweise der kurze Blick auf das Smartphone, die Fehlerquote in dem vorgegebenen Test auf das Doppelte ansteigen ließ.[167] Allein der teils unbewusste Zustand, dass jederzeit eine Kollegin oder ein Kollege hereinplatzen und stören könnte, verursacht bei vielen Menschen Stress, der wiederum zu den unterschiedlichsten Krankheiten führen kann.

Diese alarmierenden Erkenntnisse müssten jedes Team aufschrecken lassen. Doch wie lässt sich diese Herausforderung lösen? Wie kann jedes Teammitglied die vorhandene Zeit produktiver und ohne Unterbrechungen nutzen? Wie kann das große Bedürfnis nach einer stressfreien und ungestörten Arbeitszeit befriedigt werden?

Selbstverständlich gibt es hier keine Patentlösung für die gesamte Arbeitszeit und darüber hinaus. Für alles andere hilft der Workhack »Fokuszeit«: eine vom Team festgelegte begrenzte Zeit, in der niemand gestört werden darf und jegliche Signaltöne ausgestellt sowie Telefone auf freiwillige Personen umgestellt werden. In der Regel einigen sich selbstorganisierte Teams auf eine Zeit vor der Pause am Mittag, da dies für viele die produktivste Zeit ist. Beispielsweise könnten Teams experimentell jeden Dienstag von 10:00 bis 12:00 Uhr ihre Fokuszeit einplanen und in ihren Retrospektiven iterativ anpassen.

Wesentlich für diesen Workhack ist die gemeinsame Festlegung von Sanktionen bei Missachtung der Fokuszeit. Klingelt doch einmal ein Smartphone, kostet das einen Euro. Fragt der Kollege Müller noch einmal während der Fokuszeit nach seinem Tacker, kostet ihn das zwei Euro. Für das gesammelte Geld kann sich das Team wahrscheinlich jeden Monat einen gemeinsamen Ausflug gönnen oder mehrere neue Tacker kaufen. Im Vordergrund sollte allerdings die Einhaltung der Fokuszeit stehen – ganz im Sinne der effizienteren Arbeitsweise und selbstverständlich vordergründig der Gesundheit aller Mitarbeitenden.

167 https://msutoday.msu.edu/news/2013/brief-interruptions-spawn-errors/ (abgerufen am 24.09.2020).

Zusammenfassung

- Für alle Teammitglieder gilt die gleiche Fokuszeit, in der niemand gestört werden darf (zum Beispiel dienstags von 10:00 bis 12:00 Uhr).
- Akustische Eingangssignale von E-Mails, Smartphones oder Anrufen müssen in der Fokuszeit deaktiviert werden.
- Es muss ein Telefondienst eingerichtet werden, auf den eingehende Anrufe umgeleitet werden können.
- Für den Fall, dass jemand die Fokuszeit stört und sich nicht an die Regeln hält, werden Konsequenzen vereinbart.
- Tipp: Im Gegenzug könnte das Team eine Störzeit vereinbaren, in der die peinlichsten Fragen gestellt werden und Teammitglieder ihre Kolleginnen und Kollegen nicht abweisen dürfen.

7 Integration selbstorganisierter Teams

7.1 Organisationsebene

Grundvoraussetzung für die Integration von selbstorganisierten Teams – ohne formelle Hierarchie – ist der Wunsch und die Entscheidung der Organisationsleitung, einen strukturellen Wandel herbeizuführen. Ohne den Willen von Inhaberinnen, Inhabern, Vorständen oder Geschäftsführenden kann sich eine Organisation nicht von unten nach oben, sozusagen bottom-up restrukturieren. So sehr sich Mitarbeitende flachere Hierarchien, mehr Verantwortung und eine stimmigere Zusammenarbeit wünschen – ohne die Einsicht und Initiative von Entscheiderinnen und Entscheidern werden sich diese Bedürfnisse nicht erfüllen.

Initiative der Organisationsleitung ausschlaggebend !

Für einen evolutionären Wandel innerhalb der Zusammenarbeit ist es darum entscheidend, dass Leitende selbst die Notwendigkeit für eine disruptive Veränderung spüren.

Wir wissen jetzt, dass der Auslöser für vertikale Entwicklungen oft tiefe Krisen sind. Abermals wird allerdings versucht, neuartige Probleme mit althergebrachten Herangehensweisen zu lösen. Oftmals werden dadurch die Symptome bekämpft, doch leider nicht die Ursachen. Möchten Vorstände und Geschäftsführende den Umsatz von Produkten oder Dienstleistungen erhöhen, reicht es heutzutage nicht mehr, aus der Tradition heraus die Kosten zu senken oder den Vertriebsdruck zu erhöhen. Der disruptive technologische Wandel löst alte Produkte und Dienstleistung durch Innovationen ab. Zahlreiche Kunden kaufen sich das teurere Smartphone und kein altes, günstigeres Handy. Auch wird es traditionellen Organisationen schwerfallen, Fachkräfte zu finden, die sich eine Zusammenarbeit auf Augenhöhe und die nachhaltige Befriedigung von Kundenbedürfnissen wünschen. Empfehlenswert ist daher ein frühzeitiger, aktiver und aus Überzeugung herbeigeführter Wandel. Ein reaktiver, disruptiver Wandel kann indes viele Gefahren in sich bergen.

Zwar wächst der äußere Druck auf Vorstände und Geschäftsführende, sich einem evolutionären Wandel innerhalb der Zusammenarbeit zu öffnen, allerdings muss die Idee zunächst innerlich keimen. Ein Bewusstseinswandel hin zu einer evolutionären Arbeitsweise kann zwar mit Argumenten unterfüttert werden, der Wandel kann allerdings mehrere Jahre dauern, bis Gründe und Argumente wirklich verstanden wurden. Von Konrad Lorenz wissen wir:

»Gedacht heißt nicht immer gesagt,
gesagt heißt nicht immer richtig gehört,
gehört heißt nicht immer richtig verstanden,
verstanden heißt nicht immer einverstanden,
einverstanden heißt nicht immer angewendet,
angewendet heißt noch lange nicht beibehalten.«[168]

Diese Gründe lassen vermuten, dass zunächst auf Organisationsebene das Verständnis für eine evolutionäre Zusammenarbeit reifen muss. Letztlich haben alle Entscheiderinnen und Entscheider von organisationalen Strukturen eine andere Auffassung, was eine zukunftsweisende Zusammenarbeit ausmacht. Zudem kann es sein, dass ein traditionelles Organisationsmodell genau das richtige ist und zur Strategie der Unternehmung sowie zu allen Stakeholdern wie Kunden und Mitarbeitenden passt. Dass eine Organisation sich schnell und flexibel an sich stetig verändernde Kundenbedürfnisse anpassen muss, kann nicht generell konstatiert werden. Eine damit einhergehende Veränderung zu einer agilen, evolutionären Organisationsform kann folglich nicht immer die richtige Empfehlung sein.

Bevor selbstorganisierte Teams sinnvoll und nachhaltig integriert werden können, wird zusammen mit Entscheiderinnen und Entscheidern ein externer und interner Soll-Ist-Abgleich durchgeführt. Welche Gründe sprechen für einen strukturellen Wandel, welche dagegen? Welche Attribute wollen wir miteinbeziehen und welche haben für uns nur eine untergeordnete Priorität? Dazu wird der Fokus auf alle wesentlichen Unternehmensbereiche gelegt. Unter anderem werden mit Entscheiderinnen und Entscheidern folgende Fragen kritisch diskutiert.

Externe Analyse

Kunden:

- Welche Wünsche und Bedürfnisse haben unsere Kunden zukünftig?
- Welchen Kundennutzen können wir heute und morgen stiften?

168 https://www.zitate.de/autor/Lorenz%2C+Konrad (abgerufen am 12.11.2020).

- Wie schnell und radikal können sich die Bedürfnisse unserer Kunden ändern?
- Wie sieht das Wertesystem unserer Kunden heute und morgen aus?
- Wie binden wir Kunden in Entwicklungsprozesse ein?

Mitbewerber:
- Wer sind unsere Mitbewerber von morgen?
- Welche Ziele verfolgen unsere Mitbewerber von morgen?
- Wie sind zukünftige Mitbewerber prozessual, strukturell und strategisch aufgestellt?
- Inwiefern betrifft uns der disruptive technologische Wandel?
- Werden wir kooperativ oder konkurrierend miteinander agieren?

Interne Analyse

Organisation:
- Mit welcher Organisationsform können wir in Zukunft am besten agieren?
- Wie sieht die Kernarbeit von morgen aus und welche neuen Funktionen werden benötigt?
- Welche Arbeitszeitmodelle passen zukünftig zu uns?
- Wie kann die Teamstruktur von morgen aussehen?
- Wie kann eine zukunftsweisende IT-Infrastruktur aussehen?

Führung:
- Welchen Mehrwert haben unsere Kunden aufgrund von Führung?
- Welche Vorteile bietet Führung der Organisation?
- Welcher Führungsstil ist vorherrschend und warum?
- Welche Aufgaben hat eine klassische Führungskraft von morgen?
- Wie soll die disziplinarische, fachliche und prozessuale Führung von morgen aussehen?

Kommunikation:
- Was bedeutet für uns »gewaltfreie Kommunikation«?
- Geben wir uns zukünftig regelmäßig Feedback?
- Wie gehen wir zukünftig mit Konflikten um?
- Wie geben wir wichtige Informationen weiter?
- Welche IT-Infrastruktur hilft uns bei der Kommunikation?

Werte und Kultur:

- Welche Vision verfolgen wir?
- Was bedeutet für uns Agilität und wie stehen wir zu den »agilen Werten«?
- Was benötigen Mitarbeitende, um motiviert zur Arbeit zu kommen?
- Wie setzen wir uns Ziele?
- Setzen wir auf Kontrolle oder auf Vertrauen?

Prozesse:

- Wie werden Projekte durchgeführt?
- Wie werden Innovationen oder neue Ideen generiert?
- Wie soll Feedback gegeben werden?
- Wie sollen Konflikte gelöst werden?
- Wie sollen Entscheidungen getroffen werden?

All diese Fragen und zahlreiche weitere Fragen müssen von der Leitung einer Organisation mithilfe eines funktions- und hierarchieübergreifenden Change-Teams durchdacht, durchdiskutiert und beantwortet werden. Die zwar gebündelte, aber dennoch unternehmensweite Auseinandersetzung mit den Fragen ist deshalb so wichtig, weil die Ergebnisse eine unmittelbare Auswirkung auf die gesamte Zusammenarbeit aller Mitarbeitenden hat. Diese müssen alle Antworten mit Leben füllen und zeigen, dass eine evolutionäre Zusammenarbeit sinnvoll ist. Schließlich fließen die Antworten auf die Fragen in ein Regelwerk, das als transparente Guideline und als Leitstern für die zukünftige Zusammenarbeit aller Mitarbeitenden dient.

!

Change-Prozess aufsetzen

Entscheidet sich eine Organisation für die Integration selbstorganisierter Teams, kann sowohl intern als auch mit externer Hilfe ein individueller Change-Prozess aufgesetzt werden.

Hat sich die Leitung für die Entwicklung zu einer evolutionären Zusammenarbeit entschieden und infolgedessen ein neues gemeinsames Regelwerk entworfen, entstehen bei vielen Beschäftigten Ängste und Befürchtungen. Nicht nur Führungskräfte könnten den Verlust ihres Arbeitsplatzes befürchten, auch Angestellte ohne leitende Funktion könnten Ängste entwickeln, wenn sie beispielsweise noch nie etwas von einer neuen agilen und evolutionären Zusammenarbeit gehört haben. Entscheidend für einen erfolgreichen Change-Prozess ist, dass der größte Teil der Belegschaft nachvollziehen kann, warum sich eine Organisation verändern muss.

Wichtig ist daher, zunächst alle Beschäftigten abzuholen, um sie auf einen einheitlichen Stand zu bringen. Es sollte für alle ein allgemeines Onboarding-Programm geben, in dem sich alle Mitarbeitenden über die neue Welt und die Gründe für die Veränderung informieren können. Es könnte beispielsweise Workshops und Seminare zum Thema Agilität geben, in denen das Thema mit seinen zahlreichen Facetten vorgestellt und zum Teil selbst erarbeitet und erlebt wird. Mitarbeitende könnten beispielsweise zu Design-Thinking-Workshops eingeladen werden, in denen sie selbst Ideen erarbeiten und zu kreativen Lösungen kommen. Zwei Fliegen können mit einer Klappe geschlagen werden, wenn Workshop-Teilnehmende einerseits einen neuen »nutzerzentrierten Ansatz« für die Entwicklung von kreativen Ideen erlernen und andererseits ein für sie aktuelles Problem lösen. Agilität wird somit agil eingeführt.

Für das »Onboarden« von Mitarbeitenden in eine neue Art der Zusammenarbeit gibt es, wie bereits in Kapitel 1 beschrieben, weitere beispielhafte Ideen für die übergeordnete Organisationsebene:

- Seminare zum Thema »Reason Why: Warum müssen wir uns verändern und kontinuierlich weiterentwickeln?«
- Vorträge von Menschen, die schon agil und evolutionär zusammenarbeiten
- gemeinsame Filmabende mit inspirierenden Beiträgen zum Thema New Work
- Bücher zu den Themen an Mitarbeitende verschenken oder verleihen
- gemeinsame Diskussionsrunden zum Thema selbstorganisierte Teams
- Aufbau eines sozialen Netzwerks innerhalb der Organisation
- agile Paten, die unkompliziert und kollegial ansprechbar sind

Selbstorganisierten Teams steht nichts mehr im Wege, sich innerhalb ihrer individuellen Zusammenarbeit kontinuierlich weiterzuentwickeln, wenn formelle Strukturen geschaffen und dem größten Teil der Mitarbeitenden die Ideen einer neuen evolutionären Zusammenarbeit auf der kognitiven Ebene bekannt sind.

7.2 Teamebene

Teams werden schließlich dazu aufgerufen, sich selbst zu organisieren – oft im Rahmen von Pilotprojekten, manchmal wird aber auch direkt die gesamte Organisation transformiert. Dann steht allerdings nicht nur der optimistische Blick in die Zukunft auf der Tagesordnung. Vielen Mitarbeitenden werden noch diverse Probleme und

Konflikte aus der Vergangenheit auf der Seele liegen, die durch den Wegfall starrer Strukturen plötzlich aufgearbeitet werden können. Dabei dürfen die Teams sich allerdings nicht selbst überlassen werden. Wesentlich für eine erfolgreiche Integration von selbstorganisierten Teams ist eine professionelle Unterstützung.

Grundsätzlich hilft agiles Coaching Organisationen, Teams und Individuen dabei herauszufinden, in welchem Umfeld sie sich befinden und wie sie einen evolutionären Veränderungsprozess herbeiführen können. Erfolgreiches Coaching verlangt allerdings eine große Bereitschaft und die Fähigkeit zur Selbstreflexion, Intervision und Supervision sowie eine hohe Lernfähigkeit. Voraussetzung zur Durchführung von Coaching ist, dass sich Teams mit dem Ziel »Selbstorganisation« mit dem aktuellen Status nicht zufriedengeben. Das Streben nach ständiger Verbesserung und die Bereitschaft zum kontinuierlichen Lernen müssen auf dem Weg zur evolutionären Zusammenarbeit der Hauptantrieb von Organisationen, Teams und Individuen sein. Der Nutzen, den das Team aus einem Coaching ziehen kann, ist erst dann besonders hoch.

!

Training, Beratung und Coaching

Die Begleitung von selbstorganisierten Teams funktioniert jedoch nicht ausschließlich durch Coaching. Vielmehr sind Training und Beratung nötig, da der Lösungsraum für Teams und Coachees oftmals nicht alle möglichen Handlungsoptionen umfasst.[169]

Um Trainings, Beratungen oder Coachings bedarfsgerecht anbieten zu können, muss zunächst der aktuelle Reifegrad des Teams bestimmt werden. Die Frage lautet: Wie traditionell oder evolutionär arbeitet ein Team gegenwärtig zusammen? Welche Workhacks, Tools oder Methoden werden bereits genutzt und wie ist das allgemeine Mindset zum Thema Zusammenarbeit im Team? Für die Standortbestimmung kann wieder ein Fragebogen verwendet werden. Jedes einzelne Teammitglied sollte für sich unter anderem folgende Fragen beantworten:

Fragen zur Dimension Kultur und Mindset:

- Warum kommt ihr morgens zur Arbeit?
- Welches Anliegen verfolgt euer Team?
- Welche agilen Werte kennt ihr und welche sind euch besonders wichtig?

169 Judith Andresen: Agiles Coaching. Die neue Art, Teams zum Erfolg zu führen. Carl Hanser Verlag, 2018, S. 34.

- Wie geht ihr mit Fehlern um?
- Wie entwickelt ihr euch gemeinsam im Team weiter?
- Welche Kontrollmechanismen setzt ihr bei euch im Team ein?
- Wie sieht euer Arbeitszeitmodell aus?

Fragen zur Dimension Struktur:
- Welche Struktur hat euer Organigramm?
- Wie viele Hierarchieebenen gibt es?
- Wo liegt die disziplinarische Verantwortung?
- Wo liegt die prozessuale Verantwortung?
- Wo liegt die fachliche Verantwortung?
- Habt ihr die gleichen Funktionen im Team oder unterschiedliche?
- Welche Funktionen gibt es in eurem Team?

Fragen zur Dimension Rollen:
- Welche Aufgaben hat für euch die leitende Rolle?
- Wie wichtig ist für euch eine diversifizierte Rollenverteilung?
- Wie wichtig ist für euch ein ganzheitliches Aufgabenspektrum?
- Welche Rollen sind für eure Zusammenarbeit von Bedeutung?
- Welche Befürchtungen habt ihr im Hinblick auf eine Rollenverteilung?
- Welche Chancen bietet eine rollierende Rollenverteilung? Welche Risiken könnte es geben?
- Wie definiert ihr die repräsentative, moderierende, coachende, vermittelnde, organisierende, überprüfende Rolle?

Fragen zur Dimension Entscheidungen:
- Welche Entscheidungen dürft ihr treffen?
- Wie werden Entscheidungen bei euch im Team getroffen?
- Welche Methoden zur Entscheidungsfindung kennt ihr?
- Wie werden Mitarbeitende eingestellt?
- Wie wird das Gehalt festgelegt?
- Wie wird das Budget verteilt?
- Welche Nachteile beziehungsweise Vorteile könnte es geben, wenn Entscheidungen im Team getroffen werden?

Fragen zur Dimension Konflikte:

- Gibt es bei euch im Team regelmäßig Konflikte?
- Wer löst bei euch die Konflikte im Team?
- Werden Konflikte nachhaltig gelöst, indem der Fokus auf die Ursachen gelegt wird?
- Welche Handlungsempfehlungen würdet ihr der treibenden Kraft des Konflikts geben?
- Werden Konflikte bei euch im Team als negativ oder positiv wahrgenommen?
- Welche positiven Effekte könnte ein Konflikt beinhalten?
- Wie werden Konflikte bei euch im Team reflektiert?

Fragen zur Dimension Feedback

- Gebt ihr euch regelmäßig Feedback?
- Wie lautet euer Feedbackprozess?
- Wer sollte Feedback geben?
- Nutzt ihr Feedbackregeln?
- Welche positiven Effekte könnte Feedback haben?
- Wie stellt ihr einen kontinuierlichen Entwicklungsprozess sicher?
- Welche Ängste und Befürchtungen habt ihr, wenn ihr Feedback geben beziehungsweise nehmen wollt?

Fragen zur Dimension Prozesse:

- Welche agilen Prozesse kennt ihr?
- Welche agilen Prozesse nutzt ihr im Team?
- Wie sehen die einzelnen Prozessschritte innerhalb der Projektarbeit aus?
- Wie priorisiert ihr eure Projekte?
- Wie werden wesentliche Informationen für alle transparent gemacht?
- Wie werden Prozessoptimierungen in die ganze Organisation verbreitet?
- Wie werden Prozesse bei euch im Team reflektiert?

Die Integration und Begleitung von selbstorganisierten Teams erfolgt über den PDCA-Zyklus. Anhand der Antworten wird zusammen mit dem Team ein individueller »**Plan**« entworfen, an welchen Dimensionen das Team in den nächsten zwei Wochen als Erstes arbeiten möchte. Damit alle Mitarbeitenden gleichermaßen dabeibleiben und ihre Expertise miteinbringen, ist es von Bedeutung, dass sich das Team am Anfang nicht zu viel vornimmt. Darüber hinaus ist eine professionelle Begleitung der

Teams von entscheidender Bedeutung, wenn sich Teams noch am Anfang ihrer evolutionären Veränderung der Zusammenarbeit befinden.

Nach dem zweiwöchigen »**Doing**« geht das Team in die Retrospektive und führt den »**Check**« durch. Dazu nutzen Moderierende eines der zahlreichen Formate, die es schon gibt, oder sie überlegen sich neue kreative Arten der Teamreflexion. Innerhalb der Retrospektive werden Störfaktoren, Probleme und Herausforderungen identifiziert und gleichermaßen Einsichten, Erkenntnisse sowie neue Ideen und Impulse generiert. Für die wichtigsten Punkte findet das Team Maßnahmen, die dann im nächsten Schritt »**Act**« umgesetzt werden. So kann sukzessive eine maßgeschneiderte Teamarchitektur entstehen.

Welche Workhacks das Team für die Integration der Selbstorganisation flankierend nutzt, entscheidet das Team je nach Bedarf entweder direkt in den Retrospektiven oder es werden darüber hinaus Seminare angeboten. Während in den Seminaren die Workhacks vorgestellt und einzelne Methoden ausprobiert werden können, sollte das Team im Nachgang experimentell vorgehen und einzelne Workhacks direkt im Arbeitsalltag ausprobieren. Auch hier kann die Retrospektive genutzt werden, um den individuellen Nutzen einzelner Workhacks für das Team auf den Prüfstand zu stellen. Workhacks können dann entweder wieder verworfen oder an die eigenen Bedürfnisse angepasst werden.

Neben der Organisations- und Teamebene kann auch die Individualebene von besonderer Bedeutung sein, für den Fall, dass einzelne Mitarbeitende trainiert, beraten oder gecoacht werden möchten.

7.3 Individualebene

Wurden die ersten positiven Erfahrungen mit mehr Empowerment und Selbstverantwortung gemacht, gibt es für viele Mitarbeitende kein Zurück mehr. Die neu gewonnene Autonomie und die damit einhergehende Motivation möchten viele Beschäftigte nicht mehr hergeben.

Auf der Individualebene können sich alle Mitarbeitenden wiederfinden. Es handelt sich um die persönliche Ebene, die das individuelle »Mindset« beziehungsweise die

Einstellung aller Beschäftigten in Bezug auf die gemeinsame Zusammenarbeit beinhaltet. Die Frage, die sich jede und jeder stellen kann, lautet: Welche Einstellung habe ich im Hinblick auf meine persönlichen Werte und Normen? Und weiterhin: Passen meine Werte und Normen zur Unternehmenskultur? Und: Wie gehe ich eigentlich mit jenen Menschen um, die mich einen großen Teil meines Lebens begleiten?

Folgende Fragen, die auf den konträr zueinanderstehenden Charakterzügen einer horizontalen und vertikalen Beziehungsebene aufbauen, könnten selbstreflektiert, zusammen mit einem Coach oder mit dem Team beantwortet werden:

- Treffe ich Entscheidungen aus Angst oder Liebe?
- Treffe ich Entscheidungen allein oder frage ich meine Kolleginnen und Kollegen um Rat?
- Vertraue ich meinen Kolleginnen und Kollegen zu 100 Prozent oder setze ich auf Kontrolle?
- Habe ich Angst, Fehler zu machen, oder sehe ich darin die Chance, etwas zu lernen und mich weiterzuentwickeln?
- Trage ich eine Maske und spiele ich eine Rolle oder bin ich von Echtheit und Authentizität geprägt?
- Mache ich Kolleginnen und Kollegen von mir abhängig oder setze ich auf Eigenständigkeit und Autonomie?
- Bin ich sagend oder fragend unterwegs?
- Versuche ich den Fokus immer wieder auf mich zu lenken oder stelle ich bevorzugt andere ins Rampenlicht?
- Gehe ich Konflikten lieber aus dem Weg oder versuche ich die Ursachen zu finden?
- Gebe ich Feedback aus Selbstbezogenheit oder weil ich anderen helfen möchte?

Abgesehen von der eigenen Analyse, wie ich mit meinen Kolleginnen und Kollegen zusammenarbeite, ist noch viel wesentlicher die Frage, wie ich ***zukünftig*** handeln möchte.

Der Prozess hin zu einer evolutionären Zusammenarbeit kann je nach individueller Absprungbasis mehrere Jahre dauern. Zusammenarbeit bedeutet Teamarbeit. In dem Sinne setzt der Prozess eine gewisse Neugier aller Beschäftigten voraus, was eine evolutionäre Zusammenarbeit alles ermöglichen kann und welches enorme Potenzial in allen und somit im gesamten Team steckt. Das Wichtigste ist allerdings, dass ich bei mir selbst anfange und nicht darauf warte, dass meine Kolleginnen und Kollegen anfangen sich weiterzuentwickeln.

Jeder hat seine eigene Geschwindigkeit

Alle Mitarbeitenden haben aufgrund ihrer individuellen Biografie verständlicherweise auch ihre eigene Geschwindigkeit, die respektiert und anerkannt wird.

!

Kolleginnen und Kollegen, die bereits ein schärferes Bild einer gelingenden Zusammenarbeit entwickeln durften, können sich glücklich schätzen und als gutes Vorbild vorangehen.

Sind Mitarbeitenden die inneren Faktoren weitestgehend bewusst, können auch mannigfaltige externe Faktoren dazu beitragen, eine evolutionäre Zusammenarbeit entweder zu verhindern oder zu fördern. Diese Faktoren befinden sich im engeren Sinne auf Organisations- und Teamebene und im weitesten Sinne in anderen Systemen, die außerhalb der Organisation angesiedelt sind. Führen externe Faktoren dazu, dass eine evolutionäre Zusammenarbeit verhindert wird, muss dennoch auf der Individualebene eine Entscheidung getroffen werden, die eine stimmigere Zusammenarbeit ermöglicht. Hier könnte wiederum ein qualifiziertes Feedback oder der Konfliktprozess über alle Ebenen hinweg dienlich sein.

8 Zusammenfassung

Diese Lektüre ist nur ein winziger Kieselstein auf der unendlich langen Straße zu einer neuen Form der würdevollen Zusammenarbeit. Jeder Stein ist dabei individuell und sieht sich dabei nicht als Konkurrenz, sondern als Teil des Ganzen: ob es Bücher sind, Videos, Podcasts, Impulsvorträge, eine intensive Selbstreflexion, tiefgründige Gespräche oder lediglich eine kleine Erleuchtung in einem Traum.

Viele Menschen wachen eines Tages auf und merken plötzlich, dass sie in ihrem Leben nicht einfach nur funktionieren wollen. Sie fühlen ihre Energie und das Potenzial, das in ihnen schlummert, und wissen in diesem Moment, dass sie selbst das Ruder ihres Lebensbootes übernehmen möchten. Sie spüren, dass sie selbst ein Kieselstein und somit ein Teil der Gemeinschaft sein können, die versucht, die Arbeitswelt um sie herum ein wenig stimmiger zu gestalten. Alle Mitarbeitenden haben die Macht, irgendetwas zu verändern. Ob es die kreative E-Mail an die Geschäftsleitung ist, warum manche Prozesse und Strukturen so sind, wie sie sind, oder ob es viele kleine Impulse sind, die irgendwann den großen Stein ins Rollen bringen. Andere Beschäftigte kündigen, machen ein Sabbatical oder werden leider auch krank, wenn sie es nicht schaffen, die Zusammenarbeit in der Art und Weise zu verändern, dass sie stimmig ist. Wieder andere reduzieren ihre Arbeitszeit und machen sich nebenbei selbstständig. Und es gibt Menschen, die komplett auf die abhängige Beschäftigung verzichten und infolgedessen unabhängig, also in einem gewissen Rahmen in ihren Entscheidungen frei sind.

Für Organisationen ist der sowohl menschlichere als auch ökonomisch sinnvollere Weg allerdings, die Strukturen und Prozesse so anzupassen, dass Mitarbeitende keinen Anlass für die innerliche oder tatsächliche Kündigung haben, sondern dass sie mit Freude und Engagement dabei sind und sich als Teil des Ganzen fühlen. Das geht für viele Organisationen und Teams besonders gut innerhalb selbstorganisierter Strukturen, in denen sich Individuen respektvoll und mit Würde begegnen können. Strukturen, in denen Menschen nicht künstlich auf Distanz gehalten werden. Formelle hierarchische Vorgaben grenzen eine Gruppe von Mitarbeitenden von anderen Beschäftigten ab. Angst vor Repressalien machen oftmals vertrauensvolle horizontale Begegnungen schwierig und rauben vielen Beschäftigten ihre wertvolle Energie für die wirklich wesentlichen Erfolgstreiber. Es gibt Mitarbeitende, die sich permanent darüber Gedanken machen, wie sie sich vor der Führungskraft verhalten sollen, um möglichst gut dabei wegzukommen, anstatt die Aufmerksamkeit auf die Schlüsselindikatoren der Performancetreiber zu richten. Grundsätzlich sollte die Organisation ihre Energie nicht hauptsächlich auf sich selbst richten, sondern auf den Sinn und Zweck ihres Daseins. Nicht zuletzt sollten die Kunden im Vordergrund stehen, die allerdings oft hintangestellt werden, wenn Unternehmen sich mal wieder nur mit sich selbst beschäftigen.

Selbstorganisierte Teams füllen den individuellen Sinn und Zweck der Organisation mit Energie. 100 Prozent der Kraft fließen dabei in die Stiftung von Kundennutzen und nicht in Machtstreben und Erhalt sowie die tägliche Wiedergeburt derselben Organisation. Dazu benötigen selbstorganisierte Teams einen Rahmen, in dem sie sich verwirklichen können. Eine Architektur, die selbstorganisierte Teams selbst kreieren und durch gemeinsame Reflexionen immer wieder neu erfinden. Selbstorganisierte Teams wachsen permanent, da der Rahmen ihnen keine Steine in den Weg legt, sondern im Gegenteil dabei hilft, große sowie kleine Steine für sich als Lernmoment zu begreifen. Während kleine Steine jedes Teammitglied für sich wegräumen kann, packen bei den großen Steinen alle mit an. Selbstorganisierte Teams begreifen sich als gemeinsame Gestalter ihrer Umwelt, mit einem gemeinsamen Anliegen und einem übergeordneten Sinn und Zweck der Organisation, die einzig und allein dafür da ist, für selbstorganisierte Teams einen Raum zu bieten, in dem sie sich zum Wohle des Kunden selbst verwirklichen können.

Schließlich können Workhacks als minimalinvasive Methoden und viele kleine Quick Wins dabei helfen, sich selbst erfolgreich zu organisieren. Gerade selbstorganisierte Teams benötigen Werkzeuge für die Selbstorganisation, die traditionell Führungskräften vorbehalten waren. Eine ganze Bandbreite neuer innovativer Tools steht selbstorganisierten Teams zur verfügen. Die Devise lautet auch hier: Probieren geht über Studieren. Nicht alle Workhacks sind für selbstorganisierte Teams gleichermaßen wirksam. Daher ist von wesentlicher Bedeutung, alle selbstauferlegten Tools, Prozesse, Strukturen, Regeln und so weiter in regelmäßigen Abständen einer Prüfung zu unterziehen, ob sie dem Team immer noch in dem Maße dienen, wie sie es vielleicht bei der Einführung taten.

Genauso wie traditionelle Organisationsformen heute hinterfragt werden, können bereits morgen zukunftsweisende Formen der Zusammenarbeit zu den Auslaufmodellen gehören. Daher ist, wenn es um evolutionäre Organisationsformen geht, aus meiner

Sicht das Allerwichtigste die regelmäßige und gemeinsame Reflexion und Optimierung der Zusammenarbeit. Die kontinuierliche Prüfung auf Sinnhaftigkeit und Stimmigkeit, für eine menschlichere Arbeitswelt, in der schlussendlich »Work« und »Life« miteinander zu einer authentischen Lebenswelt verschmelzen können. Eine Welt, in der wir keine Rolle mehr einnehmen müssen und infolgedessen die Maske absetzen können.

Ich wünsche mir von Herzen, dass diese Ideen und Impulse für eine alternative Denkweise viele Verantwortliche inspirieren, ihre Organisationsform auf Stimmigkeit zu überprüfen.

»Du wirst morgen sein, was du heute denkst.«
Buddha

Inspirationen und Danksagungen

Der aus meiner Sicht oftmals fehlende Hedonismus in der Berufswelt und die daraus resultierenden inperformanten Organisationen, Teams und Individuen haben mich dazu inspiriert, dieses Buch zu schreiben.

Menschen sollen sich, wenn sie morgens aufwachen, freuen, dass sie mit ihrem Wirken heute wieder einen sinnvollen und nachhaltigen Dienst erbringen können. Stattdessen freuen sich viele morgens allerdings nur auf eines: den lieben Feierabend, wo sie endlich das machen können, was sie *wirklich* wollen. Aussagen wie »Ich muss nur noch acht Jahre arbeiten bis zur Rente« sind genauso für mich Inspiration gewesen, das Buch zu schreiben, wie die frustrierenden Sätze »Das haben wir schon immer so gemacht« oder »Es ist, wie es ist«. Grund genug, einmal genauer hinzuschauen, welche Ursachen es für diese Glaubenssätze gibt, ob diese zuträglich sind oder eher hinderlich und wie diese Strukturen verändert werden können. Herausgekommen ist der Crashkurs Selbstorganisation in agilen Teams.

Neben meinem engsten Umfeld möchte ich insbesondere Steffen Jäckel erwähnen, der viele Stunden unermüdlich Korrektur gelesen und Feedback gegeben hat und mir einfach als guter Freund zur Seite stand. Ganz herzlichen Dank dafür! Darüber hinaus möchte ich mich bei Jutta Thyssen bedanken, die mich als Produktmanagerin der Haufe Group von der ersten E-Mail bis zur Buchveröffentlichung mit einem stets sehr zuversichtlichen Optimismus begleitet hat. Dann bei Maria Ronniger, die mir als Lektorin viele sehr gute und wichtige Impulse geben konnte. Und schließlich möchte ich mich auch bei Annemarie Wolke für die großartigen Illustrationen bedanken. Denn ein Bild sagt oft mehr als tausend Worte.

Literatur

Adler, Alfred: Gesammelte Werke. Anaconda Verlag, 2020.

Adler, Alfred: Heilen und Bildern. e-artnow Verlag, 2018.

Andresen, Judith: Agiles Coachen. Die neue Art, Teams zum Erfolg zu führen. Carl Hanser, 2018.

Berne, Eric: Spiele der Erwachsenen. Psychologie der menschlichen Beziehungen. Rowohlt Taschenbuch Verlag, 2010.

Brandes-Visbeck, Christiane; Gensinger, Ines: Netzwerk schlägt Hierarchie. Neue Führung mit Digital Leadership. Redline Verlag, 2017.

Deming, W. E.: Out of the Crisis; Massachusetts Institute of Technology, Cambridge, 1982.

Derby, Ester ; Larsen, Diana: Agile Retrospectives. Making Good Teams Great. Pragmatic Bookshelf, 2006.

Doerr, John: OKR: Objectives & Key Results: Wie Sie Ziele, auf die es wirklich ankommt, entwickeln, messen und umsetzen. Vahlen, 2018.

Frei, Felix: Hierarchie. Das Ende eines Erfolgsrezepts. Pabst Science Publisher, 2016.

Gloger, Boris; Rösner, Dieter: Selbstorganisation braucht Führung, Carl Hanser Verlag München, 2017.

Häusling, André: Agile Organisationen. Transformationen erfolgreich gestalten – Beispiele agiler Pioniere. Haufe, 2018.

Jachtchenko, Wladislaw: Die 5 Rollen einer Führungskraft. Remote Verlag, 2020.

Johnstone, Keith: Theaterspiele. Spontanität, Improvisation und Theatersport. Alexander Verlag, 1998.

Kerth, Norman L.: Project Retrospectives. A Handbook For Team Reviews. Dorset House Publishing, 2001.

Kohtes, Paul J.; Rosmann, Nadja: Mit Achtsamkeit in Führung. Was Meditation für Unternehmen bringt. Klett-Cotta Verlag, 2014.

Laloux, Frédéric: Reinventing Organizations. Ein Leitfaden zur Gestaltung sinnstiftender Formen der Zusammenarbeit. Vahlen, 2015.

Leopold, Klaus: Kanban in der Praxis. Vom Teamfokus zur Wertschöpfung. Carl Hanser Verlag, 2017.

Levy, Steven: In The Plex: How Google Thinks, Works, and Shapes Our Lives. Simon & Schuster Verlag, 2011.

Lewrick, Michael: Design Thinking. Radikale Innovationen in einer digitalisierten Welt. Verlag C.H. Beck, 2018.

Luft, Joseph; Ingham, Harry: The Johari window, a graphic model of interpersonal awareness. In: Proceedings of the western training laboratory in group development, Los Angeles: UCLA, 1955.

Merton, Robert K.: The self-fulfilling prophecy, in: The Antioch Review, Jg. 8, 1948.

Milgram, Stanley: Behavioral study of obedience. Journal of Abnormal and Social Psychology, 1963, 371–378.

Paech, Nico: Befreiung vom Überfluss. Auf dem Weg in die Postwachstumsökonomie. Oekom Verlag, München, 2016.

Rosenberg, Marshall B.: Gewaltfreie Kommunikation. Eine Sprache des Lebens. Junfermann Verlag, 2016.

Rüther, Christian: Soziokratie, S3, Holakratie, Frédéric Laloux' »Reinventing Organizations« und »New Work«. Ein Überblick über die gängigsten Ansätze zur Selbstorganisation und Partizipation. Books on Demand, 2018.

Schreyögg, Georg: Grundlagen der Organisation. Basiswissen für Studium und Praxis. Springer Gabler Verlag, 2012/2016.

Schültken, Lydia: workhacks. Sechs Angriffe auf eingefahrene Arbeitsabläufe. Haufe Verlag, 2017.

ScrumAlliance: The State of Scrum: Benchmarks and Guidelines. How the world is successfully applying the most popular Agile approach to projects. 2001–2013.

Sedlmeier, Peter: Die Kraft der Meditation. Was die Wissenschaft darüber weiß. Rowohlt Verlag, 2016.

Vlcek, Radim: Workshop Improvisationstheater. Übungs- und Spielesammlung für Theaterarbeit, Ausdrucksfindung und Gruppendynamik. Auer Verlag, 2009.

Wiesenthal, Helmut: Gesellschaftssteuerung und gesellschaftliche Selbststeuerung. Eine Einführung. VS Verlag für Sozialwissenschaften, 2006.

Zäpfel, Günther: Strategisches Produktions-Management. R. Oldenbourg Verlag, 2000.

Stichwortverzeichnis

Der Autor

Andreas Eilers ist Experte für die Selbstorganisation in agilen Teams. Seit vielen Jahren beschäftigt er sich mit New Work und neuen innovativen Formen der Zusammenarbeit. Mit seinem Netzwerk unterstützt Andreas als selbstständiger Trainer, Berater und Coach Organisationen, Teams und Individuen auf ihrem Weg zu einer stimmigeren Zusammenarbeit. Auf seinem YouTube-Kanal »Andreas Eilers« veröffentlicht er selbst produzierte Formate, die auf evolutionäre Formen der Zusammenarbeit eingehen.

Weitere Informationen zu Andreas und wie eine mögliche Unterstützung aussehen kann, findest du unter www.andreaseilers.com.

Feedback